高等教育规划教材

C 语言程序设计教程

李　俊　主编

张小莉　郭宇周　尹胜彬　刘玉玲　武　戎　编著

机 械 工 业 出 版 社

本书由浅入深、循序渐进地介绍了 C 语言程序设计的思路和方法，并通过富有趣味性的精彩案例将每一章的知识点融汇贯通，同时给出案例思路分析，提出案例思考问题，以提高读者学习的兴趣，培养自主学习能力、独立思考能力和计算思维能力。全书共 10 章，系统地介绍了基于 Visual C ++ 的 C 语言开发环境、数据类型与表达式、基本输入/输出语句、流程控制、模块化程序设计方法和文件系统的基本操作。

本书内容详实、案例新颖、结构清晰、重点明确，以丰富有趣的案例对知识点进行讲解。本书适合作为高等院校计算机程序设计教材，也可作为计算机程序设计培训教材和各种计算机等级考试的参考教材。

本书配有电子教案，需要的教师可登录 www. cmpedu. com 免费注册，审核通过后下载，或联系编辑索取（QQ：2966938356，电话：010 - 88379739）。

图书在版编目（CIP）数据

C 语言程序设计教程/李俊主编 . —北京：机械工业出版社，2015. 4
高等教育规划教材
ISBN 978 - 7 - 111 - 50173 - 2

Ⅰ. ①C…　Ⅱ. ①李…　Ⅲ. ①C 语言 - 程序设计 - 高等学校 - 教材
Ⅳ. ①TP312

中国版本图书馆 CIP 数据核字（2015）第 094963 号

机械工业出版社（北京市百万庄大街 22 号　邮政编码 100037）
策划编辑：和庆娣　　责任编辑：和庆娣
责任校对：张艳霞　　责任印制：刘　岚
涿州市京南印刷厂印刷

2015 年 6 月第 1 版 · 第 1 次印刷
184mm × 260mm · 18 印张 · 445 千字
0001 - 3000 册
标准书号：ISBN 978 - 7 - 111 - 50173 - 2
定价：39. 90 元

电话服务
服务咨询热线：（010）88379833
读者购书热线：（010）88379649

网络服务
机 工 官 网：www. cmpbook. com
机 工 官 博：weibo. com/cmp1952
教育服务网：www. cmpedu. com
金 书 网：www. golden - book. com

出版说明

当前，我国正处在加快转变经济发展方式、推动产业转型升级的关键时期。为经济转型升级提供高层次人才，是高等院校最重要的历史使命和战略任务之一。高等教育要培养基础性、学术型人才，但更重要的是加大力度培养多规格、多样化的应用型、复合型人才。

为顺应高等教育迅猛发展的趋势，配合高等院校的教学改革，满足高质量高校教材的迫切需求，机械工业出版社邀请了全国多所高等院校的专家、一线教师及教务部门，通过充分的调研和讨论，针对相关课程的特点，总结教学中的实践经验，组织出版了这套“高等教育规划教材”。

本套教材具有以下特点：

1）符合高等院校各专业人才的培养目标及课程体系的设置，注重培养学生的应用能力，加大案例篇幅或实训内容，强调知识、能力与素质的综合训练。

2）针对多数学生的学习特点，采用通俗易懂的方法讲解知识，逻辑性强、层次分明、叙述准确而精炼、图文并茂，使学生可以快速掌握，学以致用。

3）凝结一线骨干教师的课程改革和教学研究成果，融合先进的教学理念，在教学内容和方法上做出创新。

4）为了体现建设“立体化”精品教材的宗旨，本套教材为主干课程配备了电子教案、学习与上机指导、习题解答、源代码或源程序、教学大纲、课程设计和毕业设计指导等资源。

5）注重教材的实用性、通用性，适合各类高等院校、高等职业学校及相关院校的教学，也可作为各类培训班教材和自学用书。

欢迎教育界的专家和老师提出宝贵的意见和建议。衷心感谢广大教育工作者和读者的支持与帮助！

机械工业出版社

前　言

C 语言是目前国际上广泛流行的一种结构化的程序设计语言，它同时具有高级语言和低级语言的功能，提供类型丰富、使用灵活的基本运算和数据类型，具有较高的可移植性。C 语言不仅适合于开发系统软件，而且是开发应用软件和进行大规模科学计算的常用程序设计语言。

本书由浅入深、循序渐进地介绍了 C 语言程序设计的思路和方法。全书共 10 章，系统地介绍了基于 Visual C ++ 的 C 语言开发环境、数据类型与表达式、基本输入/输出语句、流程控制、模块化程序设计方法和文件系统的基本操作。

本书主要特点如下。

1. 知识点精炼，适合短学时教学

现在，很多高校都在对课程进行学时压缩，而 C 语言程序设计课程的知识点又很繁多，为了让读者在短时间内可以掌握 C 语言程序设计的精髓，作者对各个章节中的知识点进行了提炼，对一些不常用甚至几乎从来不用的知识点进行了删减。因此，本教材能够满足短学时教学的需要。

2. 案例新颖，趣味性强

教材中的每个案例都由作者精心设计，趣味性较强，通过这些案例，不仅可以提高读者的学习兴趣，而且可以使读者对所学知识点举一反三，从而使读者更深刻地理解所学习的知识点。

3. 通过精彩案例融合知识点

很多 C 语言教材都是以介绍 C 语言的单个知识点为主，这样就会造成读者无法将 C 语言的知识点融为一个整体。为了解决这个问题，本书不仅为各个知识点都设计了案例，而且每一章还有精彩案例分析。这些精彩案例将本章的知识点以及前面各章的知识点综合起来，使读者能够直观地将这些知识点融为一体。

4. 以提高读者分析问题和独立思考问题的能力为目标

读者在学习的过程中，经常会遇到这样的问题：教材的例子能看懂，教师讲的内容也能听明白，就是遇到问题时无从下手。为了解决这个问题，本书先对案例进行分析，以提高读者分析问题的能力；然后写代码，并在代码中给出大量的注释；最后，在案例的后面会提出一些思考题，以提高读者独立思考问题的能力。

5. 内容安排循序渐进、由易到难

本书内容安排循序渐进、由易到难，共 10 章。第 1 章介绍了 C 语言的基本知识和开发环境的使用；第 2 章介绍了 C 语言基本数据类型与表达式；第 3 章介绍了 C 语言的输入/输出语句；第 4、5 章介绍了 C 语言的控制结构；第 6 章介绍了函数和模块化程序设计的思想；第 7、8 章介绍了数组和指针的应用；第 9 章介绍了结构体和共用体类型；第 10 章介绍了 C 语言文件操作。

本书由李俊主编并进行总体设计。刘玉玲编写第 1 章和第 2 章；武戎编写第 3 章；郭宇周编写第 4 章和第 5 章；尹胜彬编写第 6 章；张小莉编写第 7 章；李俊编写第 8 ~ 10 章。

由于作者的水平有限，书中疏漏之处在所难免，敬请读者批评指正。

编　者

目 录

第1章　C语言程序设计概述

在众多的程序设计语言中，C语言作为一种高级程序设计语言，具备方便性、灵活性和通用性等特点。同时，它还向程序员提供了直接操作硬件的功能，具备低级语言的特点，适用于开发各种类型的软件。因此，C语言是深受程序设计人员欢迎的编程语言。

本章主要介绍C语言程序设计的发展及特点，描述C语言的基本结构、字符集以及C语言程序的开发环境等内容。

本章重点：

- C语言程序的基本结构。
- Visual C ++ 6.0 集成开发环境的使用。

1.1　C语言的发展及特点

1.1.1　C语言的发展

C语言是国际上广泛流行的、很有发展前途的计算机高级语言。它是一种编译型的语言，其发展是一个充实和完善的过程。

C语言是在B语言的基础上发展起来的，它的根源可以追溯到ALGOL 60。1960年出现的ALGOL是一种面向问题的高级语言，它离硬件比较远，不宜用来编写系统程序。1963年，英国剑桥大学推出了CPL（Combined Programming Language）语言。CPL语言在ALGOL 60的基础上更加接近硬件，但规模比较大，难以实现。1967年，英国剑桥大学的Martin Richards对CPL语言做了简化，推出了BCPL（Basic Combined Programming Language）语言。1970年，美国贝尔实验室的K. Thompson以BCPL语言为基础，又做了进一步简化，设计出了很简单而且很接近硬件的B语言（取BCPL的第一个字母），并用B语言写了第一版UNIX操作系统上的一些应用，成功运行于PDP－7上。但B语言过于简单，功能有限。1972年至1973年，贝尔实验室的D. M. Ritchie在B语言的基础上设计出了C语言（取BCPL的第二个字母）。C语言既保持了BCPL和B语言的优点（精练，接近硬件），又克服了它们的缺点（过于简单，数据无类型等）。最初的C语言只是为描述和实现UNIX操作系统并为其提供一种工作语言而设计的。1973年，K. Thompson和D. M. Ritchie两人合作把UNIX的90%以上用C改写，即UNIX第5版。原来的UNIX操作系统是1969年由美国的贝尔实验室的K. Thompson和D. M. Ritchie开发成功的，是用汇编语言写的。

随着UNIX的日益广泛使用，C语言也迅速得到了推广。1978年以后，C语言先后移植到大、中、小、微型机上。而且此时的C语言出现了不同的版本，并将BrianW. Kernighan和Dennis M. Ritchie合著的名著《C程序设计语言》作为C语言的标准。1983年，美国标准化协会（ANSI）又制定了新的标准，称为ANSI C。现在的C语言已风靡全世界，成为世界上最广泛的几种计算机语言之一。

1.1.2 C 语言的特点

C 语言之所以能被推广并被广泛使用，概括地说，主要有如下特点。

1. 简洁紧凑、灵活方便

C 语言一共只有 32 个关键字、9 种控制语句，程序书写自由，主要用小写字母表示。它把高级语言的基本结构和语句与低级语言的实用性结合起来。

2. 运算符丰富

C 语言的运算符包含的范围很广泛，共有 34 个运算符。C 语言把括号、赋值、强制类型转换等都作为运算符处理。从而使 C 语言的运算类型极其丰富、表达式类型多样化，灵活使用各种运算符可以实现在其他高级语言中难以实现的运算。

3. 数据结构丰富

C 语言的数据类型有：整型、实型、字符型、数组类型、指针类型、结构体类型、共用体类型等，能用来实现各种复杂的数据类型的运算。C 语言引入了指针概念，使程序效率更高。另外，C 语言具有强大的图形功能，支持多种显示器和驱动器，且计算功能、逻辑判断功能强大。

4. C 语言是结构化语言

结构化语言的显著特点是代码及数据的分隔化，即程序的各个部分除了必要的信息交流外彼此独立。这种结构化方式可使程序层次清晰，便于使用、维护以及调试。C 语言主要由函数组成，这些函数可方便地调用，并具有多种循环、条件语句控制程序流向，从而使程序完全结构化。

5. C 语言语法限制不太严格，程序设计自由度大

虽然 C 语言也是强类型语言，但它的语法比较灵活，允许程序编写者有较大的自由度。

6. C 语言允许直接访问物理地址，可以直接对硬件进行操作

C 语言既具有高级语言的功能，又具有低级语言的许多功能，它能够像汇编语言一样对位、字节和地址进行操作，而这三者是计算机最基本的工作单元。

7. C 语言程序生成代码质量高，程序执行效率高

C 语言程序的执行效率一般只比汇编程序生成的目标代码的执行效率低 10% ~20%。

8. C 语言适用范围大，可移植性好

可移植性指的是，可以把为某种计算机编写的软件运行在另一种机器或操作系统上，如在 DOS 下写的程序能够方便地在 Windows 2000 上运行，这个程序就是一个可移植的程序。C 语言程序具有较高移植性。C 语言不包含依赖硬件的输入/输出机制，其输入/输出功能是由独立于 C 语言的库函数来实现的。这样就使 C 语言程序本身不依赖于硬件系统，也便于在不同的机器系统间移植。

1.2 C 语言程序的基本结构

任何一种程序设计语言都具有特定的语法规则和规定的表达方法。一个程序只有严格按照语言规定的语法和表达方式编写，才能保证编写的程序在计算机中能正确地执行，同时也便于阅读和理解。为了了解 C 语言的基本程序结构，我们先介绍一个简单的 C 程序。

【例 1-1】已知两个整数 5、7，求这两个数的乘积，并将结果显示出来。

```
#include < stdio. h >                    //标准输入/输出头文件
main( )                                  //主函数
{
void OutStar( ) ;                        //声明函数
int a,b,c;                               //定义 3 个整型变量
a = 5 ; b = 7 ;                          //变量赋值
c = a * b;                               //算术运算并赋值
OutStar( ) ;                             //调用 OutStar 函数
printf( " c = % d\n" ,c) ;               //输出结果
OutStar( ) ;                             //调用 OutStar 函数
}
void OutStar( )                          //定义 OutStar 函数,void 指定该函数不返回值
{
    printf( " \n **************************** \n" ) ;
}
```

通过上面的例子，可以看出以下几点。

1. C 语言程序由函数组成

C 语言程序为函数模块结构，所有的 C 语言程序都是由一个或多个函数构成，其中必须且只能有一个主函数 main( )。程序从主函数开始执行，当执行到调用函数的语句时，程序将转入被调用的函数中执行，执行结束后，再返回主函数中继续执行，直至程序执行结束。C 程序的函数是由编译系统提供的标准函数（如 printf、scanf 等）和由用户自己定义的函数（如 OutStar( )）组成。

函数的基本形式是：

```
返回值类型 函数名(形式参数)
{
    数据说明部分;
    语句部分;
}
```

其中，函数头包括返回值类型、函数名和圆括号中的形式参数，如果函数没有形式参数，则圆括号中形式参数为空（如 void OutStar( )函数）。函数体包括函数体内使用的数据说明和执行函数功能的语句，花括号“{”和“}”表示函数体的开始和结束。

2. C 语言注释方法

在 Visual C ++ 6.0 中，语句的注释内容可以写在“//”后面，实现单行注释；也可以通过“/ *”和“ * /”实现多行注释。

注释语句不参与程序的编译和运行，只是起到说明的作用，提高程序的可读性。

3. C 语言的基本语法规则

- 在 C 语言中，语句的结束标记为分号，每条语句都必须以分号结束。

- C 语言中严格区分大小写字母，如 OutStar( )和 outstar( )将被 C 语言视为不同的函数名称。

4. 用预处理命令#include 可以包含有关的文件信息

C 语言中提供了多个头文件，这些头文件分类包含了各类标准函数的原型说明。需要用到某些标准库函数时，只须将对应的头文件用#include 语句包含在程序的首部就可以直接使用了。头文件的扩展名一般为 .h。头文件名称可以用 < >括起来，也可以使用双引号" "引起来。

1.3 C 语言字符集、标识符与关键字

任何一门程序设计语言所使用的字符都是固定的、有限的。要使用一种程序设计语言编写程序，必须使用符合该语言规定的，能被计算机系统识别的字符。本节主要介绍 C 语言的字符集、标识符和关键字三部分内容。

1.3.1 C 语言字符集

C 语言中规定的字符集包括英文字母、阿拉伯数字以及其他一些符号，具体归纳如下。

1. 英文字母

大小写英文字母各 26 个，共 52 个。

2. 阿拉伯数字

0 ~ 9，共 10 个。

3. 下画线

C 语言字符集中包含下画线_ 。

4. 其他特殊符号

这里主要指运算符和其他符号。

括号（6 个）：( ) [ ] { }

算术运算符（7 个）：+ - * / % ++ --

关系运算符（6 个）：> < == != >= <=

逻辑运算符（3 个）：&& || !

位操作运算符（6 个）：& | ~ ^ << >>

赋值运算符（11 个）：= += -= *= /= %= &= |= ^= >>= <<=

条件运算符：? :

逗号运算符：,

指针运算符（2 个）：* &

求字节数运算符：sizeof

特殊运算符：->

1.3.2 C 语言标识符与关键字

1. 标识符

所谓标识符是指常量、变量以及用户自定义函数等的名称。在 C 语言中标识符的定义

必须满足以下规则：

1）所有标识符必须由一个字母（a ~ z，A ~ Z）或下画线（_）开头。

2）标识符的其他部分可以由字母、下画线或数字（0 ~ 9）组成。

3）大小写字母表示不同意义，即代表不同的标识符。

4）标识符只有前 32 个字符有效。

5）标识符不能使用 C 语言关键字。

下面分别列举几个合法的标识符和不合法的标识符。

合法的标识符：t1、_t1、t_1、day、IF。

不合法的标识符：M. 1、1k、m? 1、5 * a、if。

2. 关键字

所谓关键字就是已被 C 语言本身使用，不能作其他用途使用的字。例如，关键字不能用作变量名、函数名等。C 语言包含以下关键字。

auto	asm	break	case	cdecl	char
const	continue	default	do	double	else
enum	extern	far	float	for	goto
huge	if	int	interrupt	long	near
pascal	register	return	short	signed	sizeof
static	struct	switch	typedef	union	unsigned
void	volatile	while	_cs	_ds	_es
_ss					

1.4 C 语言程序的开发环境

C 语言程序的开发环境有很多种，如 Turbo C、Microsoft Visual C ++（简称 Visual C ++ 或 VC）、Borland C 等，本节将以 Visual C ++ 6.0 为例介绍 C 语言程序开发步骤及开发环境的使用。

1.4.1 C 语言开发过程

开发一个 C 语言程序，要经过编辑（程序录入）、编译和连接后才能生成可执行程序，运行可执行程序后输出结果。

1. 编辑

程序员用任意编辑软件（编辑器）将编写好的 C 语言程序输入计算机，并以扩展名为 . c 的文本文件的形式保存在计算机的磁盘上，生成 C 语言源文件。

2. 编译

程序编译是指将编辑好的源文件翻译成二进制目标代码的过程。编译过程是使用 C 语言提供的编译程序（编译器）完成的。不同操作系统下的各种编译器的使用命令不完全相同，使用时应注意计算机环境。编译时，编译器首先要对源程序中的每一个语句检查语法错误，当发现错误时，就在屏幕上显示错误的位置和错误类型的信息。此时，要再次调用编辑器进行查错修改。然后进行编译，直至排除所有语法和语义错误。正确的源程序文件经过编译后在磁盘上生成目标文件。

3. 连接

程序编译后产生的目标文件是可重定位的程序模块，不能直接运行。连接就是把目标文件和其他分别进行编译生成的目标程序模块（如果有的话）及系统提供的标准库函数连接在一起，生成可以运行的可执行文件的过程。连接过程使用C语言提供的连接程序（连接器）完成，生成的可执行文件存在磁盘中。

4. 运行

生成可执行文件后，就可以在操作系统控制下运行。若执行程序后达到预期目的，则C程序的开发工作到此完成。否则，要进一步检查修改源程序，重复编辑—编译—连接—运行的过程，直到取得预期结果为止。

大部分C语言都提供一个独立的开发集成环境，它可将上述四步连贯起来。下面主要介绍Visual C ++ 6.0开发环境的使用，本书事例均在Visual C ++ 6.0开发环境下进行开发、调试。

1.4.2 Microsoft Visual C ++ 6.0 集成开发环境

Visual C ++是Microsoft公司的Visual Studio开发工具箱中的一个C ++程序开发包。Visual C ++软件包中的Developer Studio是一个集成开发环境，它集成了各种开发工具和VC编译器。程序员可以在不离开该环境的情况下编辑、编译、调试和运行一个应用程序。

1. 创建一个新的C语言的文件

(1) 启动Visual C ++ 6.0

可以通过“开始”菜单、桌面快捷方式或者快速启动工具栏等方式启动Visual C ++ 6.0，如图1-1所示。

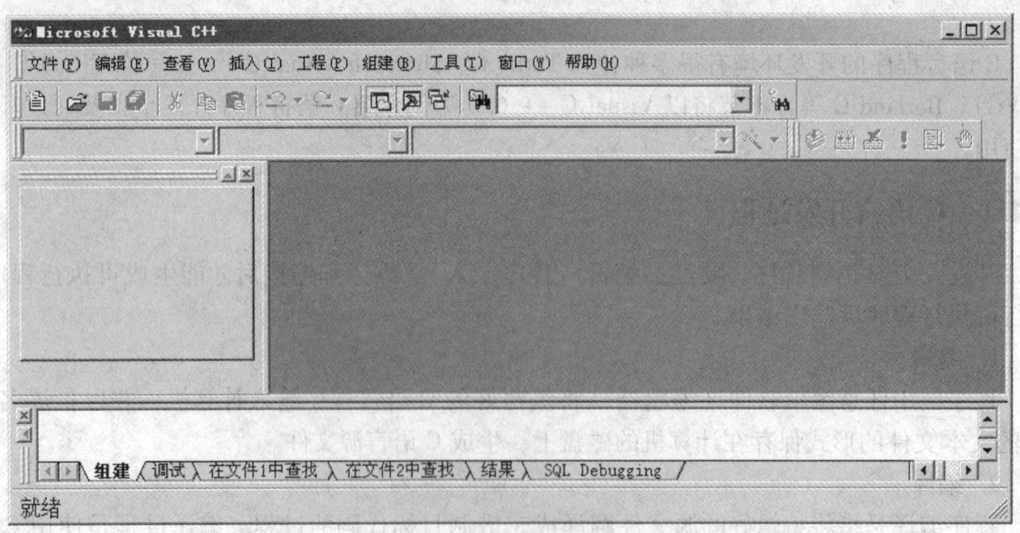

图1-1 Visual C ++ 6.0启动界面

(2) 新建文件

选择“文件”菜单的“新建”命令，打开图1-2所示的“新建”对话框。在此对话框中选择“C ++Source File”，在“文件名”文本框中输入文件名，并在“目录”中选择保存该文件的文件夹目录，然后单击“确定”按钮。

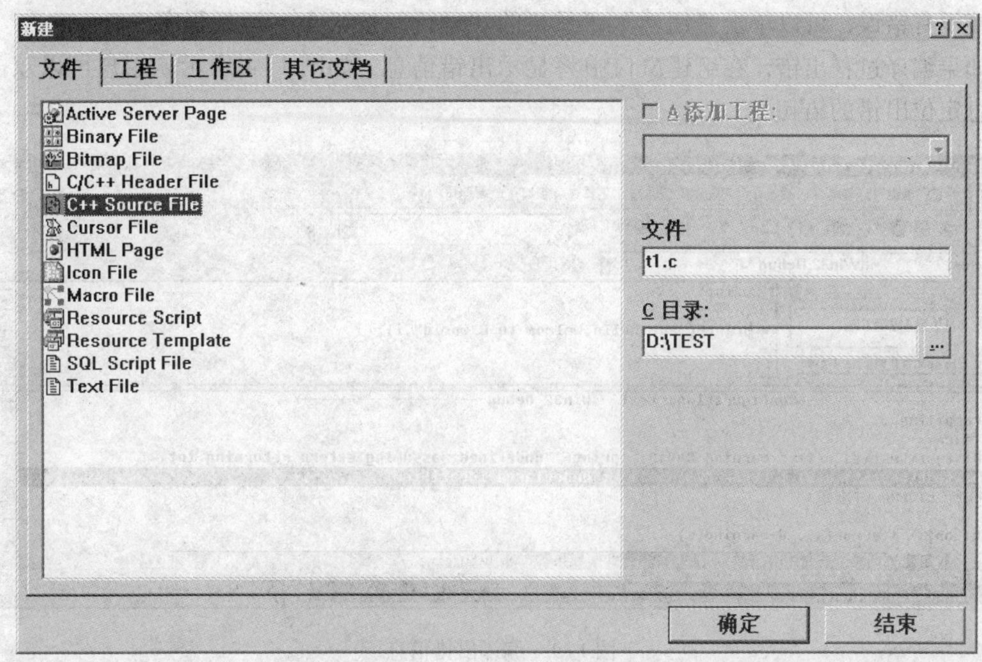

图 1-2 “新建”对话框

注意：文件的扩展名可以输入“C”或者“CPP”，默认为“CPP”。

2. 编写 C 语言源程序

新建一个文件后，可以在 Visual C ++ 程序编辑窗口中编写 C 语言源程序，如图 1-3 所示。

图 1-3 程序编辑窗口

3. 编译、连接和运行

编写好源程序后，可以单击“组建”工具栏的“编译”按钮，对源程序进行编译。

如果编译没有错误，可以单击“组建”工具栏的“连接”按钮，对源程序进行连接。如果连接没有错误，可以单击“组建”工具栏的“运行”按钮，运行程序。

如果编译过程出错，在组建窗口中将显示出错信息，如图 1-4 所示。用户可以双击出错信息定位出错的语句。

图 1-4　编译出错信息

4. 关闭工作空间

在 Visual C ++ 6.0 中，调试运行完一个应用程序后，用户需要通过“文件”菜单的“关闭工作空间”命令关闭当前工作空间，然后才能新建或打开新的 C 语言程序文件。

5. 打开 C 语言源程序文件

(1) 打开文件

可以通过 Visual C ++ 6.0“文件”菜单的“打开”命令或标准工具栏的“打开”按钮，打开一个 C 语言源程序文件。注意，在打开一个 C 语言源程序文件时，应该关闭当前工作空间，否则连接时会出错。

(2) 编译、连接和运行

编译一个打开的 C 语言源程序文件时，单击“组建”工具栏的“编译”按钮进行编译时，将弹出图 1-5 所示的提示对话框，询问是否自动新建工作空间。

图 1-5　询问是否自动创建工作空间

在图 1-5 中单击“是 (Y)”按钮后，将弹出图 1-6 所示的对话框，询问是否自动创建工程。

在图 1-6 中单击“是 (Y)”按钮后，即完成对 C 语言源程序的编译，然后通过单击“组建”工具栏的“连接”按钮和“运行”按钮，即可以完成连接和运行操作。

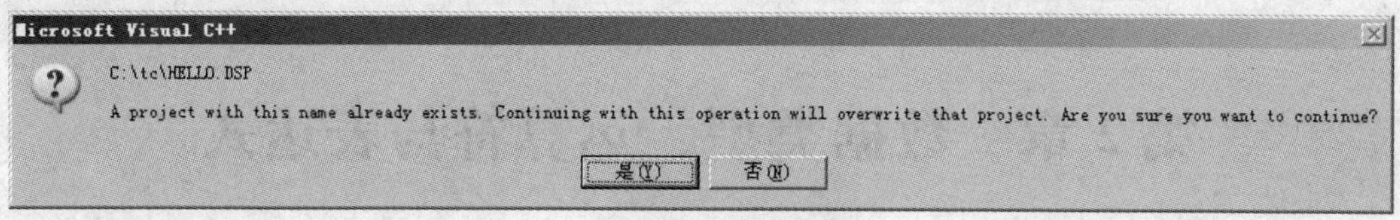

图 1-6　询问是否自动新建工程

本章小结

本章介绍了 C 语言的发展及特点，通过一个简单的 C 语言程序实例介绍了 C 语言程序的组成和基本结构，同时介绍了 C 语言的字符集、标识符和关键字以及 C 语言程序的开发步骤和开发环境。

通过对本章的学习，读者应该掌握 C 语言程序标识符的命名规则、C 语言程序的基本结构和一些约定，同时要求掌握 Visual C ++ 6.0 集成开发环境的应用。

习题

1. C 语言程序是由什么构成的？

2. C 语言程序中字符是否区分大小写？如何为 C 程序语句添加注释？C 程序语句的结束标志是什么字符？

3. 下列标识符中哪些是 C 语言中的合法标识符？

A123　123A　_A123　_123　#A_123

If　c.d　for　FOR　a*b

4. 在一个 C 语言程序中，有且只有一个________函数。

5. 在 Visual C ++ 6.0 集成环境下，输入下列程序并查看运行结果。

(1)

```
main()
{
    printf("\n------------------------------------------\n");
    printf("\n           欢迎进入 C 语言世界!\n");
    printf("\n           C 语言世界很精彩\n");
    printf("\n------------------------------------------\n");
}
```

(2)

```
main()
{
    int a;
    printf("\n 输入一个整数:");
    scanf("%d",&a);
    printf("\n 您输入的整数是 %d",a);
}
```

第 2 章　数据类型、运算符与表达式

计算机程序的主要任务是对数据进行处理、加工，如果没有数据，计算机程序将无法完成指定的功能，因此，数据在计算机程序中占有重要地位。

本章主要介绍 C 语言中的基本数据类型、运算符和表达式。

本章重点：

- C 语言中常见的数据类型。
- C 语言中常见的各种运算符的运算规则。

2.1　C 语言的数据类型

计算机中的数据可以根据数据性质的不同分为不同类型，本节主要介绍 C 语言中基本的数据类型。

2.1.1　数据类型概述

在程序设计中，无论是常量数据还是变量数据，都是有类型的。在运算时，运算符必须和数据的类型匹配。在计算机程序中，为什么要将数据分为不同类型呢?

首先，在计算机存储器中，不同类型的数据所占用的存储空间的大小不同，同一类型的数据也会因为计算机字长的不同而占用不同的存储空间。例如，整数类型数据存储在 16 位计算机中一般占用 2 个字节，而在 32 位计算机中则要占 4 个字节。字符类型数据在计算机中占 1 个字节的存储空间。

其次，不同类型的数据的处理方法也不相同。例如，数值类型数据可以进行算术运算，而字符串只能进行连接、复制、比较等操作。

最后，不同类型的数据所表示的数据的范围不同。例如，整型数据的取值范围为 $-32\,768 \sim 32\,767$，单精度类型数据的取值范围为 $-3.4\times10^{\pm38} \sim 3.4\times10^{\pm38}$。

在 C 语言中，数据类型十分丰富，具有强大的数据处理能力。在 C 语言中，包括 4 种基本数据类型（基本类型）和 4 种扩展数据类型（构造类型），如图 2-1 所示。

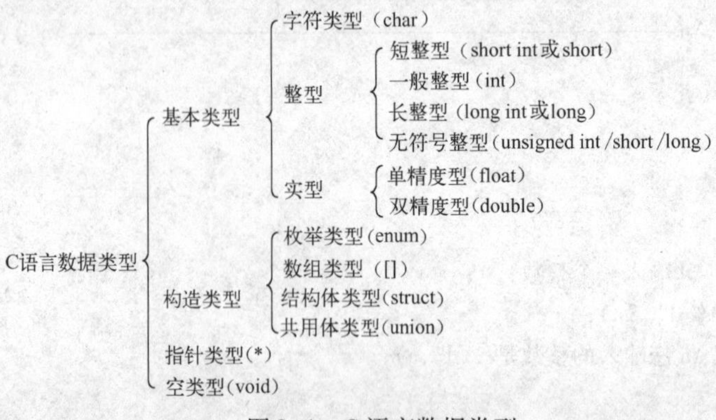

图 2-1　C 语言数据类型

2.1.2 整数类型

整数类型简称整型，整型数据没有小数部分的数值。

整型数据可分为一般整型、短整型、长整型和无符号整型 4 种。

1）一般整型，用 int 表示。

2）短整型，用 short int 或 short 表示。

3）长整型，用 long int 或 long 表示。

4）无符号整型，存储的所有二进制位均表示数据，不包含符号位。unsigned int、unsigned short、unsigned long 分别表示无符号整型、无符号短整型和无符号长整型。

在 C 语言标准中没有具体规定以上各类型数据所占内存的字节数，数据类型所占字节数随计算机硬件不同而不同。以 16 位计算机为例，整型数据所占的字节数和取值范围如表 2-1 所示。

表 2-1 16 位计算机中整型数据所占内存字节数和取值范围

类型关键字	字 节 数	取值范围
short	2	-32 768 ~32 767
unsigned short	2	0 ~65 535
int	2	-32 768 ~32 767
unsigned int	2	0 ~65 535
long	4	-2147 483 648 ~2 147 683 647
unsigned long	4	0 ~4 294 967 295

2.1.3 实数类型

实数类型简称实型，也称为浮点类型。实型数据用来描述带有小数的数值。实型数据分为单精度型和双精度型两种。

1）单精度型，用 float 表示。

2）双精度型，用 double 表示。

同整型数据一样，单精度型和双精度型数据在计算机中所占的内存字节数也随着计算机硬件的改变而改变。在 16 位的计算机中，它们所占的内存字节数和取值范围如表 2-2 所示。

表 2-2 16 位计算机中实型数据所占内存字节数、取值范围和精度

类型关键字	字节数	取值范围	精度（位）
float	4	$-3.4\times10^{\pm38}$ ~ $3.4\times10^{\pm38}$	7
double	8	$-1.7\times10^{\pm308}$ ~ $1.7\times10^{\pm308}$	15

2.1.4 字符类型

字符型用 char 表示，字符型数据在内存中占一个字节的存储空间。字符的 ASCII 码值为 0~127，其中，32~126 是可打印字符，例如字符“A”的 ASCII 码为 65，字符“a”的 ASCII 码为 97，字符“0”的 ASCII 码为 48。

2.2 常量与变量

2.2.1 常量

所谓常量是指在程序运行中值不能被改变的量，常量可为任意数据类型。常量分为直接常量和符号常量。直接常量也就是常数，包括数值型常量和字符型常量。数值型常量又包括整型常量和实型常量；字符型常量包括字符常量和字符串常量。符号常量则是指用一个标识符代表一个常量，从而避免因程序中多次出现相同的常量而引起的修改麻烦。C 语言中的常量如图 2-2 所示。

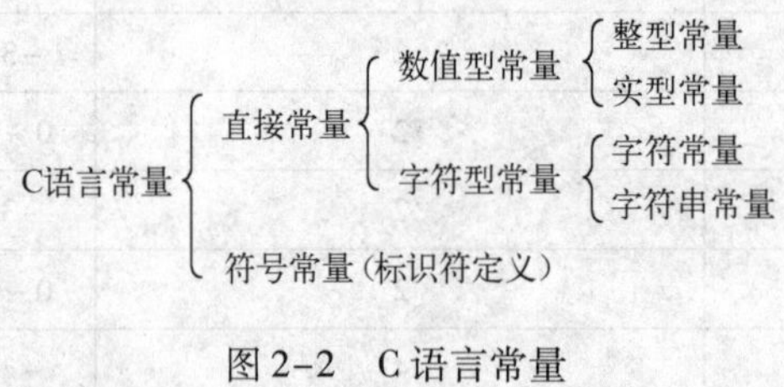

图 2-2 C 语言常量

1. 整型常量

在 C 语言中，整型常量有八进制、十进制和十六进制 3 种表示形式。

（1）八进制整型常量

八进制整型常量以数字 0 开头，由 0~7 的 8 个数码组成。

以下是合法的八进制整型常量：

020（对应十进制的 16） 061（对应十进制的 49） 0123（对应十进制的 83）

以下是非法的八进制整型常量：

123（不是 0 开头） 081（包含了非法数码 8）

（2）十进制整型常量

十进制整型常量和数学中的整数相同。十进制整型常量没有任何前缀，由 0~9 的 10 个数码组成。

以下是合法的十进制整型常量：

200 88 0 -55

以下是非法的十进制整型常量：

A20（包含了非法数码 A） 0x123（不能包含 0x 前缀）

（3）十六进制整型常量

十六进制整型常量以 0x 或 0X 开头，由 0~9、A~F 或 a~f 的 16 个数码组成。

以下是合法的十六进制整型常量：

0X20（对应十进制的 32）　0XA5（对应十进制的 165）　0XFF（对应十进制的 255）

以下是非法的十六进制整型常量：

A20（无前缀 0X）　0X4H（包含了非法数码 H）

2. 实型常量

在 C 语言中，实型常量只有十进制形式，可以用两种方式表示：一般形式和指数形式。

（1）一般形式

一般形式的实型常量由 0 ~ 9 的 10 个数码和小数点组成，其中小数点不能单独出现。

以下均为合法的实型常量：

0. 5　76. 89　5. 0　321.　. 567　– 123. 456

（2）指数形式

由十进制数加上阶码标志“e”或“E”以及阶码组成，如 1E5。在指数形式中，要求 E 或 e 前必须有数字，且 E 后面的阶码必须为整数。

以下是合法的实型常量：

1E5　1. 34E5　134. 56E5　0. 001234E6　3. 7E – 2

以下是非法的实型常量：

3E0. 5（阶码为小数）　2. 5E（无阶码）　E – 2（E 之前无数字）

3. 字符常量

字符常量是用一组单引号引起来的一个字符。例如，'A','a','0','+','#',''(空格)等都是合法的字符常量。

在 C 语言中，除了以上形式的字符常量外，还有一种特殊形式的字符常量，就是以“\”开头的字符序列，这类字符也称为转义字符。C 语言中常见的转义字符如表 2–3 所示。

表 2–3　转义字符

字符形式	功　能
\n	换行
\t	横向跳格
\b	退格
\r	回车
\\	反斜杠字符
\'	单引号字符
\"	双引号字符
\a	计算机蜂鸣器振铃
\ddd	八进制数表示的 ASCII 码对应的字符
\xhh	十六进制数表示的 ASCII 码对应的字符

注意：

1）字符常量只能用单引号括起来，不能使用其他符号，如“A”是非法的字符常量。

2）字符常量只能由单个字符组成，不能包含多个字符，如“ab”是非法的字符常量。

3）转义字符表示一个字符常量，如“\n”表示换行；“\101”表示八进制的 ASCII

码为 101（对应十进制为 65）的字符，即字符“A”；“\ x42”表示十六进制的 ASCII 码为 42（对应十进制为 66）的字符，即字符“B”。

4. 字符串常量

在 C 语言中，字符串常量是由一组双引号括起来的字符序列。

以下都是合法的字符串常量：

"China" "Welcome" "123abc" "5 + 6 = ? \n"

注意：

字符串常量在存储的时候，会自动为字符串添加一个字符串结束标志符“\ 0”，因此在计算机中存储时，将增加 1 个字节的存储空间。例如"China" 在计算机中存储时，将占用 6 个字节的存储空间。因此，'A'和"A"在 C 语言中是不同的，前者表示一个字符常量，占用 1 个字节的存储空间；后者表示一个字符串常量占用 2 个字节的存储空间。

5. 符号常量

在 C 语言中，可以用一个标识符表示一个直接常量，称之为符号常量。符号常量的定义格式为：

```
#define  自定义标识符  直接常量
```

例如：

```
#define  MAX  100
#define  MIN  0
#define  PI  3.1415926
```

一旦某个标识符被定义为一个符号常量，在以后程序处理时，所有该标识符出现的地方都将被替换为其对应的直接常量。

注意：

1）符号常量在使用之前必须定义。

2）习惯上，符号常量的标识符通常用大写字母表示。

2.2.2 变量

1. 变量及其命名规则

变量代表计算机内存中的某一存储空间，该存储空间中存放的数据就是变量的值。变量的值在程序运行中可以随时改变，数据类型可为任意数据类型。每个变量都有一个名字，这个名字称为变量名，变量在命名时必须符合下面的命名规则：

1）标识符只能由英文字母、下画线“_”，以及阿拉伯数字组成。

2）标识符的第一个字符必须是英文字母或者下画线，而不能是数字。

3）变量名不能与 C 语言中的关键字相同。

2. 变量的声明

在 C 语言中，使用变量时必须遵循“先定义，后使用”的原则。变量的声明格式为：

```
<类型标识符>变量名1[,变量名2,变量名3,…];
```

其中，<类型标识符>为：int，short，long，unsigned int，unsigned short，unsigned long，float，double，char 等。

例如：

```
int x,y,z;
char c1,c2;
float a;
```

注意：

1）大写字母和小写字母被认为是两个不同的字符，如 A 和 a 是两个不同的标识符。

2）变量的声明，必须在变量的使用之前，一般放在函数体的开头部分。

3）在同一程序块中，变量不能被重复定义。

4）类型标识符和变量名之间至少要用一个空格隔开。

5）同一类型标识符后面可以同时声明多个变量，变量名之间用英文的逗号隔开，最后一个变量名后需要使用英文的分号（“;”）结尾。

3. 变量的初始化

变量在声明时可以直接赋值，称之为变量的初始化。

例如：

```
int x=5,y,z=6;
char c1='A',c2='B';
float a=67.5;
```

注意：

在变量初始化中不允许对多个未定义的同类型变量连续初始化，如“int x=y=z=5;”是不合法的。

4. 变量的赋值

在 C 语言中，可以用赋值运算符“=”将一个表达式的值赋给一个变量。

【例 2-1】 变量赋值。

```
main()
{
    int x,y,z;             //声明整型变量 x,y,z
    char c1='A',c2;        //声明字符型变量 c1 且赋初值为字符 A
    x=5;y=6;z=x+y;
    c2=c1+32;              //将变量 c1 的值的 ASCII 码加上 32 赋值给变量 c2
    printf("x+y=%d\n",z);
    printf("c1=%c,c2=%c",c1,c2);
}
```

程序的运行结果为：

```
x + y = 11
c1 = A, c2 = a
```

注意：

在 C 语言中，字符型数据参与数学运算时将使用其对应的 ASCII 码进行运算。

2.3 运算符和表达式

运算符是一种向编译程序说明一个特定的数学或逻辑运算的符号。C 语言具有丰富的运算符，按操作功能大致可分为：算术运算符、关系运算符、逻辑运算符、赋值运算符、条件运算符、逗号运算符以及按位运算符等。C 语言的运算符归纳如下：

1）算术运算符，包括加（+）、减（-）、乘（*）、除（/）、求余（或称模运算,%）、自增（++）、自减（--）共 7 种。

2）关系运算符，包括大于（>）、小于（<）、等于（==）、大于等于（>=）、小于等于（<=）和不等于（!=）6 种。

3）逻辑运算符，包括与（&&）、或（||）、非（!）3 种。

4）位操作运算符，包括位与（&）、位或（|）、位非（~）、位异或（^）、左移（<<）、右移（>>）6 种。

5）赋值运算符，分为简单赋值运算符（=）、复合算术赋值运算符（+=，-=，*=，/=，%=）和复合位运算赋值运算符（&=，|=，^=，>>=，<<=）3 类，共 11 种。

6）条件运算符（?:）。

7）逗号运算符（,）。

8）指针运算符，包括取内容（*）和取地址（&）2 种。

9）求字节数运算符（sizeof）。

10）特殊运算符，包括括号()、下标[]、成员（->和.）等几种。

2.3.1 算术运算符和算术表达式

1. 算术运算符

算术运算符用于各类数值运算，主要有基本算术运算符（加（+）、减（-）、乘（*）、除（/）、求余（或称模运算,%），共 5 种）和自增运算符（++）、自减（--）运算符（共 2 种）。

（1）基本算术运算符

基本算术运算符都是双目运算符，即运算符要求两个操作对象，如 a+b，c*d 等。

在基本算术运算符中，*、/、% 的优先级高于 +、-。算术运算符的结合顺序为"自左至右"。

基本算术运算符的运算规则如下：

1）+、-、* 和数学中一样，直接运算。

2）在进行除运算（/）时，如果两个操作对象的数据类型都是整型，则为整型除法，即运算结果为整数；如果有一个操作对象为实型，则为实型除法。例如 5/2=2，5.0/2=2.5。

3）% 运算符要求两个操作对象必须为整型数据，否则会报错。运算的结果为两个操作对象相除的余数，其中，运算结果的符号和% 前面的操作对象的符号一致。例如 5%2 =1，-5%3 = -2，3%5 =3。

4）字符型数据参与数学运算时，将使用字符的 ASCII 码进行运算。如'A' +1 =66。

（2）自增运算符和自减运算符

C 语言中的自增运算为 ++，自减运算符为 --，自增运算符和自减运算符为单目运算符，即运算符要求有一个操作对象，且操作对象必须为变量。自增运算符和自减运算符的功能是实现变量的值自动加 1 和自动减 1。自增运算符和自减运算符有两种形式：

1）前置：++j，--j，功能是 j 的值先加（减）1，再进行其他运算。

2）后置：j++，j--，功能是 j 先进行其他运算，再加（减）1。

例如：

```
j=4;k= ++j;      //赋值时,j 先加 1,再将 j 的值赋给变量 k,结果为 k=5,j=5
j=4;k=j++;       //赋值时,先将 j 的值赋给变量 k,j 再加 1,结果为 k=4,j=5
j=4;k= --j;      //赋值时,j 先减 1,再将 j 的值赋给变量 k,结果为 k=3,j=3
j=4;k=j--;       //赋值时,先将 j 的值赋给变量 k,j 再减 1,结果为 k=4,j=3
j=4;k= -j++;     //赋值时,先将 -j 的值赋给变量 k,j 再加 1,结果为 k= -4,j=5
```

在使用自增运算符和自减运算符时，如果容易产生歧义，可以通过添加括号来消除歧义，比如c=a+++b，是表示 c=(a++)+b 还是 c=a+(++b)呢？在 C 语言中将会理解为 c=(a++)+b。希望读者在编写程序时，尽量利用括号消除这种歧义性的表达式，这样表示出来的含义更明确。

2. 算术表达式

用算术运算符和括号将运算对象连接起来的、符合 C 语法规则的式子，称为 C 语言算术表达式。运算对象包括常量、变量、函数等。

例如，下面就是一个合法的算术表达式：

```
a*b+c/5%3+10-'a'
```

在算术表达式中，整型（int，short，long)、单精度型（float)、双精度型（double）和字符型（char）可以混合运算。混合运算时，不同类型的数据要先进行自动类型转换，再运算。自动类型转换的方法见本书 2.5.1 小节。

2.3.2 赋值运算符和赋值表达式

赋值运算符用于赋值运算，分为简单赋值运算符（=)、复合算术赋值运算符（+=，-=，*=，/=，%=）和复合位运算赋值运算符（&=，|=，^=，>>=，<<=）3 类，共 11 种。本小节将介绍前两类赋值运算符的功能用法。

1. 简单赋值运算符

简单赋值运算符记为“=”，它的作用是将一个常量、变量或表达式的值赋给一个变量。

例如：

```
a=3;        //表示将3赋值给变量a
a=b;        //表示将变量b的值赋给变量a
a=b*2;      //表示将变量b*2的值赋给变量a
```

注意：

1）赋值号（=）左边只能是变量，绝对不能是常数或表达式。这是因为常数和表达式是没有存储单元的。

2）赋值号右边表达式的类型要与左边的变量类型保持一致。如果不一致，则先将右边表达式的值转换为与左边变量相同的类型，然后进行赋值。

例如：

```
int  a;
float b=2.56;
a=b;
```

变量a的值为2。

```
float  c=2;
```

变量c的值为2.0。

```
int  a;
char c='A';
a=c;
```

变量a的值为变量c所表示字符的ASCII码，即65。

3）赋值运算符的结合方向为“自右向左”。如“float x=3.1;int y;y=x+2;”，这个赋值运算的处理过程是：现将2转换为2.0，再计算3.1+2.0；运算结果为5.1，最后将float的结果5.1转换为int型整数5并赋值给变量y。

4）多个变量可以连续赋值。

例如：

```
int a,b,c;
a=b=c=5;
```

上述语句的赋值顺序为：将5赋值给变量c，将变量c的值赋给变量b，将变量b的值赋给变量a，最后变量a，b，c的值都为5。

5）赋值符号右侧可以继续包含赋值表达式。

例如：

```
int x,y;
x=10+(y=5);
```

运算后，y的值为5，x的值为15。

2. 复合赋值运算符

为了简化程序并提高编译效率，C 语言允许在赋值运算符“=”之前加上其他运算符，这样就构成了复合赋值运算符。复合的赋值运算符包括复合算术赋值运算符（+=、-=、*=、/=、%=）和复合位运算赋值运算符（&=、|=、^=、>>=、<<=），本节只介绍复合算术赋值运算符。

复合算数赋值运算符的功能是对赋值运算符左、右两边的运算对象进行指定的算术运算符运算，再将运算结果赋予左边的变量。

例如：

```
a += b;        等价于 a = a + b;
a -= b;        等价于 a = a - b;
a *= b;        等价于 a = a * b;
a/= b;         等价于 a = a/b;
a% = b;        等价于 a = a% b;
a *= b + c;    等价于 a = a * (b + c);
```

注意：

1）复合赋值运算符右边的表达式是一个运算“整体”，不能把它们分开。如：a *= b + 1 等价于 a = a *（b + 1）。

2）复合赋值运算符的结合顺序为“自右向左”的。

例如：

```
int a = 2;
a += a -= a *= 2;
```

等价于

```
a = a + (a = a - (a = a * 2));
```

所以，最后变量 a 的值为 0。

3. 赋值表达式

用赋值运算符将运算对象连接而成的式子称为赋值表达式。例如“k =（j = 1）;”，由于赋值运算符的结合性是从右向左的，因此该赋值表达式等价于“k = j = 1;”。

例如：

```
int k, a = 1, j = 5;
a += j ++;                  //a 被赋值为 6,j 的值改变为 6
a = 20 + (j = 7);           //a 被赋值为 27
a = (j = 9) + (k = 7);      //a 被赋值为 16
```

2.3.3 关系运算符和关系表达式

1. 关系运算符

关系运算符用于比较两个操作对象的大小关系。C 语言提供的关系运算符有：小于

(<)、大于(>)、小于等于(<=)、大于等于(>=)、等于(==)、不等于(!=)6种。

关系运算符都是双目运算符，其结合顺序为“自左向右”，关系运算的结果为1或0，如果关系成立，则结果为1，否则为0。

例如，9>8>6的结果为0。

关系运算将先运算9>8结果为1，再运算1>6，结果为0。

关系运算符的优先级低于算术运算符，高于赋值运算符。在6个关系运算符中，<，<=，>，>=的优先级相同，高于==和!=，==和!=的优先级相同。

例如：

```
a+b>c+d
```

等价于

```
(a+b)>(c+d)
a=b>c
```

等价于

```
a=(b>c)
```

2. 关系表达式

关系表达式的一般形式为：

```
<表达式>关系运算符<表达式>
```

关系表达式的值是“真”和“假”，用1和0表示，即如果关系表达式成立，则结果为1，否则为0。如5>6的结果为0，9>8的结果为1。

以下都是合法的关系表达式：

```
a+b>c-d
x>3/2
'a'+1<c
-i-5*j==k+1
```

注意：

1）在关系表达式中，允许出现关系表达式嵌套的情况。

例如：

```
int a=5,b=6,c=7,d;
d=c>b>a;
```

由于关系运算符的优先级高于赋值运算，所以上面的语句的执行顺序为：先运算c>b，运算的结果为1，然后运算1>a，运算结果为0，最后运算d=0，所以变量d的值为0。

在C语言中，如果确实需要表示 x > y > z 的关系，则需要使用逻辑运算符，否则将会出现逻辑错误。

2）注意“=”和“==”的区别。

例如：

```
int a=5,b=6;
printf("%d ",a==b);
printf("%d",a=b);
```

上述代码的输出结果为：

```
0 6
```

【例2-2】关系运算符和关系表达式。

```
main()
{
char c='k';
int i=1,j=2,k=3;
float x=3.5,y=0.85;
printf("%d,%d\n",'a'+5<c,-i-2*j>=k+1);
printf("%d,%d\n",1<j<5,x-5.25<=x+y);
printf("%d,%d\n",i+j+k==-2*j,k==j==i+5);
}
```

上述代码的运算结果为：

```
1,0
1,1
0,0
```

2.3.4 逻辑运算符与逻辑表达式

1. 逻辑运算符

逻辑运算符用于逻辑运算，C语言中提供了3种逻辑运算符：逻辑与运算符（&&）、逻辑或运算符（‖）和逻辑非运算符（!）。

C语言中没有逻辑类型，当进行逻辑判断时，如果逻辑表达式的值为“真”，则结果为1；如果逻辑表达式的值为“假”，则结果为0。在逻辑判断时，所有非0的数字表示“真”，0表示“假”。

（1）非运算

非运算符!为单目运算符，功能为对操作对象进行逻辑取反，即操作对象为真时，非运算后，结果为假；操作对象为假时，非运算后，结果为真。逻辑非运算符的优先级高于算数运算符，且结合顺序为“自右向左”。

例如：

```
int a = 5, b = 6;
```

!(a > b)的结果为 1，a > b 的结果为 0，!0 的结果为 1；

!a > b 的结果为 0，先运算!a 结果为 0，然后运算 0 > b，结果为 0。

（2）与运算

与运算符 && 为双目运算符，功能为当两个操作对象都为真时，结果才为真，其余情况下结果均为假。运算真值情况如表 2-4 所示。逻辑与运算符的优先级高于赋值运算符，低于关系运算符，结合顺序为“自左向右”。

表 2-4　逻辑运算真值表

a	b	!a	!b	a&&b	a ‖ b
真	真	假	假	真	真
真	假	假	真	假	真
假	真	真	假	假	真
假	假	真	真	假	假

例如：

```
int a = 5, b = 6, c = 7, d = 0;
```

a > b && c > 6 的结果为 0；

a && b 的结果为 1，因为 a 为非 0 数字表示真，b 为非 0 数字表示真，结果为真，所以结果为 1；

d ++ && c > b 的结果 0，先进行 d &&c > b 运算，然后 d 再加 1，因为 d 的初值为 0，表示假，所以结果为 0；

数学中的 c > b > a 的关系，在 C 语言中应该用逻辑与运算符连接，即表示为 c > b && b > a。

（3）或运算

或运算符 ‖ 为双目运算符，功能为当两个操作对象都为假时，结果才为假，其余情况下结果均为真。运算真值情况如表 2-4 所示。逻辑或运算符的优先级低于逻辑与运算符，高于赋值运算符，低于关系运算符，结合顺序为“自左向右”。

例如：

```
int a = 5, b = 6, c = 7;
```

a > b ‖ c > 6 的结果为 1；

a ‖ b 的结果为 1，因为 a 为非 0 数字表示真，b 为非 0 数字表示真，结果为真，所以结果为 1；

a > b ‖ b > c 的结果为 0。

2. 逻辑表达式

用逻辑运算符将表达式连接起来就构成了逻辑表达式。逻辑表达式的一般形式为：

```
<表达式>逻辑运算符<表达式>
```

其中的表达式可以又是逻辑表达式，从而组成了逻辑表达式的嵌套。

例如“(a&&b) || c”，根据逻辑运算符的“自左向右”的结合顺序，且 && 运算符高于 || 运算符，上式也可写为：a&&b || c。

例如，

```
!(5>3)          //结果为0
5>4 && 4>3      //结果为1
5>6 || 6>7      //结果为0
```

逻辑运算符、算数运算符、关系运算符和赋值运算符的优先级顺序为：

! > 算术运算符 > 关系运算符 > && > || > 赋值运算符。

例如：

```
int a=5,b=6,c=7;
!a+6>b && c>b      //结果为0
```

上式将首先计算!a（结果为0），然后计算0+6（结果为6），再计算6>b（结果为0），所以整个表达式的结果为0。

注意：

在C语言中，逻辑表达式具有“逻辑短路”特性：当逻辑表达式求解时，如果通过前面的求解已经能够计算出整个表达式的结果，则不再求解后面的表达式。

1）在一个或多个连续的逻辑与运算中，如果前面操作对象的结果为0，则后面的操作对象表达式不会继续求解。

例如：

```
int a=5,b=6,c=7;
a>b && c++
```

上式的运算结果为0，且c的值为7。因为a>b的结果为0，而在逻辑与运算中，只要前面的结果为0，整个表达式的结果已经确定为0，c++将不会被计算，所以变量c的值不会改变。

2）在一个或多个连续的逻辑或运算中，如果前面操作对象的结果为1，则后面的操作对象表达式不会继续求解。

例如：

```
int a=5,b=6,c=7;
b>a || c++
```

上式的运算结果为1，且c的值为7。因为b>a的结果为1，而在逻辑或运算中，只要前面的结果为1，整个表达式的结果已经确定为1，c++将不会被计算，所以变量c的值不会改变。

【例2-3】逻辑运算符和逻辑表达式。

```
main()
{
char c='A';
int i=1,j=2,k=3;
float x=3.5,y=0.85;
printf("%d,%d\n",!x*!y,!!!x);
printf("%d,%d\n",x||i&&j-3,i<j&&x<y);
printf("%d,%d\n",i==5&&c&&(j=8),x+y||i+j+k);
printf("%d\n",j);
}
```

上面代码运算的结果为：

```
0,0
1,0
0,1
2
```

2.3.5 条件运算符、逗号运算符和求字节运算符

1. 条件运算符

条件运算符为三目运算符，即要求有3个操作对象。条件运算符由"?"和":"两个符号组成，其一般形式为：

<表达式1>? <表达式2>:<表达式3>

条件运算符的结合顺序为：先计算表达式1的值，如果它的值为真（非0值），则求解表达式2的值，并将结果作为整个表达式的值；如果它的值为假（0值），则求解表达式3的值，并将结果作为整个表达式的值。

例如：

```
a=10>5? 10:5;        //变量a的值为10
a=6;
b=a? c:d;            //由于a的值为6,为非0值,因此变量b的值为变量c的值
c=a>b? a:b;          //变量c的值为变量a,b的最大值
```

条件运算符的优先级高于赋值运算符，运算符的结合方向为"自右向左"。

例如：

```
d = a > 0? 1: a == 0? 0: -1;
```

自右向左结合，等价于

```
d = a > 0? 1: (a == 0? 0: -1)
```

上式的运算结果为：

1）当 a > 0 时，结果为 1。

2）当 a == 0 时，结果为 0。

3）当 a < 0 时，结果为 -1。

2. 逗号运算符

C 语言提供一种特殊的运算符——逗号运算符（,）。用该运算符可以将两个表达式连接起来。其一般形式为：

```
<表达式1>, <表达式2>
```

逗号运算符的结合顺序为：先求解表达式 1 的值，再求解表达式 2 的值，并将表达式 2 的值作为整个表达式的值。

例如：

```
x = (y = 3, ++y);
```

上式的结合顺序为：首先将 3 赋给 y，然后计算 ++y，最后将 ++y 的结果赋给 x，所以最后的运行结果为 x = 4，y = 4。

注意：

（1）逗号运算符是 C 语言中运算优先级最低的运算符，低于赋值运算符。

例如：

```
int a = 5, b = 6;
x = a + 1, b + 2;
```

运算后，变量 x 的值为 6，而不是 8，因为赋值运算符的优先级高于逗号运算符，所以，上式将先运算 x = a + 1，再运算 b + 2，而整个表达式没有保存 b + 2 的值，因此，变量 x 的值为 6。

（2）逗号表达式可以扩展为：

```
<表达式1>, <表达式2>, <表达式3>, …, <表达式n>
```

它的结合顺序为：求解表达式 1，求解表达式 2，求解表达式 3，…，求解表达式 n，整个表达式的值为表达式 n 的值。

例如：

```
a = (b = 1, c = 2, d = 3);
```

求解后，变量a的值为3，b的值为1，c的值为2，d的值为3。

3. 求字节运算符sizeof

求字节运算符是一个单目运算符，用于测试数据类型所占的字节数。它的一般形式为：

```
sizeof(变量名)或sizeof(类型名)
```

例如：

```
float a;
printf("%d,",sizeof(a));
printf("%d",sizeof(double));
```

上面代码的运算结果为：4，8。

2.4 运算符的优先级

在对一个表达式进行混合运算时，每一步运算都要按照一定的先后顺序进行，这个顺序称为运算符的优先级。

在C语言中，运算符优先级的规则如下。

1）各类运算符的优先级顺序为：括号运算符 > 算术运算符 > 关系运算符 > 逻辑运算符 > 赋值运算符 > 逗号运算符。详细运算符优先级顺序见附录B。

2）运算优先级相同的运算符，按照“自左至右”的顺序进行运算。

3）算术运算符的优先级顺序为：自增（减）运算符 > 乘/除/求余运算符 > 加减运算符。

例如：

```
int i=5,j;
j= -i++ *5;
```

运算后，变量i的值为6，变量j的值为 -25。

4）对于关系运算符而言，运算符的优先级顺序为：运算符 >，<，>=，<=，== 和 !=。如表达式5 >6 ==7 >8 的结果为1，先算5 >6，结果为0，再算7 >8，结果也为0，最后算0 ==0，结果为1。

5）对于逻辑运算符而言，运算符的优先级顺序：非运算符 > 算术运算符 > 与运算符 > 或运算符。

6）对于多种运算符并存的表达式，可用圆括号改变优先级。

2.5 数据类型转换

在C语言中进行混合运算时，不同类型的数据需要先转换成同一类型，再进行运算。如表达式10 +'b' *2 +5 * 4 +99.5-'c'，就需要先进行类型转换才能运算。

在C语言中，类型转换的方法有两种，一种是自动类型转换，另一种是强制类型转换。

2.5.1 自动类型转换

自动类型转换发生在不同数据类型的量混合运算时，由编译系统自动完成。自动类型转换遵循以下规则。

1）若参与运算的操作对象类型不同，则先转换成同一类型，然后进行运算。

2）转换按数据长度增加的方向进行，以保证精度不降低。如 int 型和 long 或 unsigned 型运算时，先把 int 型转成 long 或 unsigned 型后再进行运算；int 型和 char 型运算时，先把 char 型转成 int 型后再进行运算。图 2-3 所示为类型自动转换的规则。

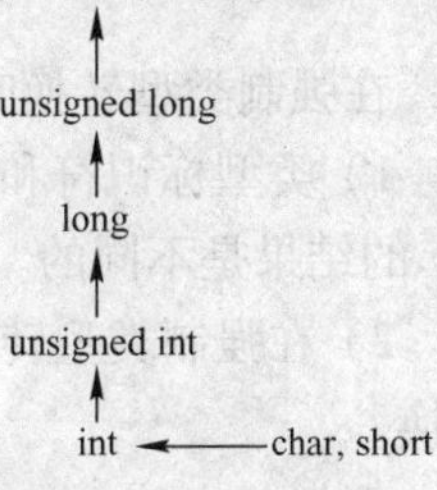

图 2-3　自动类型转换

3）所有的浮点运算都是以双精度进行的，即使仅含 float 单精度量运算的表达式，也要先转换成 double 型，再作运算。

4）char 型和 short 型参与运算时，必须先转换成 int 型。

5）在赋值运算中，当赋值号两边量的数据类型不同时，赋值号右边量的类型将转换为左边量的类型。如果右边量的数据类型长度比左边长，将丢失一部分数据，这样会降低精度，丢失的部分按四舍五入向前舍入。

例如：

```
char c = 'A';
int i = 5;
float x = 3.5;
double y = 1e - 5;
```

若表达式为：

```
i + c + x * y
```

则表达式将按下列类型进行转换：先将 c 转换为 int 型，计算 i + c，由于 c = 'A'，故将字符'A'的 ASCII 码与 i 相加，结果为 70，类型为 int 型；然后将 x 转换为 double 型，计算 x * y，结果为 3.5e - 5，结果为 double 型；最后将 i + c 的结果 70 转换为 double 型与 3.5e - 5 相加，结果为70.000 035，类型为 double 型。

2.5.2 强制类型转换

强制类型转换是通过类型转换来实现的，可以利用强制类型转换将一个表达式的值转换成所需的类型。强制类型转换的一般形式为：

```
(类型标识符)(表达式)
```

例如：

```
(float)a/5
```

上面的表达式的作用是把变量 a 的类型强制转换为 float 类型，然后除以 5。如果需要将 a/5 的结果转换为 float 类型，上式应该改为：

```
(float)(a/5)
```

下面都是合法的强制类型转换：

```
(double)a            //将变量 a 的类型强制转换为 double 型
(int)a/b             //将变量 a 的类型强制转换为 int 型,然后除以 b
(float)(a*b)/5       //将 a*b 的结果强制转换为 float 型
```

在强制类型转换时，需要注意以下几个问题。

1）类型标识符和表达式必须加括号（单个变量可以不加括号）。如(int)(x/y)和(int)x/y 的结果是不同的。

2）在强制类型转换后，原变量的类型不会改变，只是表达式的运算结果的类型临时被转换。

例如：

```
float a = 11.8;
int  b;
b = (int)a/4;
```

上面的代码运行后，b 的结果为 2，而变量 a 的类型还是 float 型。

本章小结

本章介绍了 C 语言中数据类型、常量和变量的概念，同时介绍了 C 语言中的各类运算符及其优先级和结合性，最后介绍了 C 语言中的数据类型转换方法。

C 语言中的数据类型包括 4 种基本类型（整型、实型、字符型和枚举型）和 4 种扩展类型（数组、结构体、共用体和指针类型）。常量是指在程序运行过程中值不能改变的量，包括直接常量和符号常量。变量是指在程序运行过程中值可以随时改变的量。

C 语言中的运算符从功能上可分为算术运算符、赋值运算符、关系运算符和逻辑运算符等；按运算符的操作对象的数量可分为单目运算符、双目运算符和三目运算符。在混合运算中，不同的运算符优先级不同。一般而言，算术运算符优先级高于关系运算符，关系运算符优先级高于逻辑运算符，逻辑运算符优先级高于赋值运算符，赋值运算符优先级高于逗号运算符。

通过对本章的学习，读者应该掌握 C 语言各种类型常量的表示方法、变量的声明方法以及各种运算符的运算规则和运算优先级。

习题

1. 已知各变量的类型定义如下：

```
int i = 6, k, a, b;
unsigned long w = 5;
double x = 1.42, y = 5.2;
```

则以下两组表达式中不符合 C 语言语法的表达式分别是：

(1) A. k = i ++　B. (int)x + 0.4　C. y += x ++　D. a = 2 * a = 3

(2) A. x%(-3)　B. w += -2　C. k = (a = 2, b = 3, a + b)　D. a += a -= (b = 4) * (a = 3)

2. 计算下列表达式的值。

(1) 设 x = 2.5，a = 5，y = 4.7，计算表达式 x + a%3 * (int)(x + y)%2/4 的值。

(2) 设 a = 4，计算表达式 a = 1，a + 5，a ++ 的值。

(3) 设 a = 2，b = 3，x = 3.5，y = 2.5，计算表达式(a + b)/2 + (int)x%(int)y 的值。

(4) 设 x = 4，y = 8，计算表达式 y = (x ++) * (--y)的值。

(5) 设 x = 1，y = 2，计算表达式 1.0 + x/y 的值。

(6) 设 a = 4，计算 a += a -= a *= 5 的值。

(7) int i = 5, j = 6, k; k = (i ++) + (++j) + (i ++)，计算 i，j，k 的值。

3. 写出下面表达式运算后 a 的值，设原来 a = 10，且 a 和 n 已定义为整型变量。

(1) a += a　(2) a -= 2

(3) a *= 2 + 1　(4) a/= a + a

(5) a%= (n%= 2)，n 的值等于 7　(6) a += a -= a *= a

4. 将下列代数式写成 C 表达式。

(1) πr^2　(2) $\frac{1}{2}gt^2 + v_0t + s_0$

(3) $\frac{-b + \sqrt{b^2 - 4ac}}{2a}$　(4) $\frac{5}{9}(F - 32)$

第3章　顺序结构

在C语言中，程序控制语句能够控制程序的流程，一般可分为顺序结构、选择结构和循环结构3种结构。程序设计的关键是如何组织这3种程序控制结构实现指定的逻辑功能，这就是所谓的算法。算法是解决问题的灵魂，是程序设计的精髓。一个问题的算法找到了，就能很容易地编写出解决这个问题的程序。

本章主要介绍算法的概念、算法的描述以及C语言中的基本输入/输出语句。

本章重点：

- C语言基本语句。
- getchar，putchar实现字符数据的输入/输出。
- scanf函数实现数据输入。
- printf函数实现数据输出。

3.1　算法

算法是解决问题的灵魂，是程序设计的精髓。程序设计的实质就是设计解决问题的算法，并将其用程序设计语言描述出来。

3.1.1　算法的概念

什么是程序？程序=数据结构+算法。

面向过程的程序设计语言，如C、Pascal、FORTRAN等语言，主要关注的是算法。掌握算法，也是为面向对象程序设计打下一个扎实的基础。那么，什么是算法呢？

人们使用计算机，就是要利用计算机处理各种不同的问题，而要做到这一点，人们就必须事先对各类问题进行分析，确定解决问题的具体方法和步骤，再编制一组让计算机执行的指令（即程序），交给计算机，让计算机按人们指定的步骤有效地工作。这些具体的方法和步骤，其实就是解决问题的算法。根据算法，依据某种规则编写计算机执行的命令序列，就是编制程序，而书写时所应遵守的规则，即为某种语言的语法。

由此可见，程序设计的关键之一，是解题的方法与步骤，是算法。学习高级语言的重点，就是掌握分析问题、解决问题的方法，就是锻炼分析、分解，最终归纳整理出算法的能力。与之相对应，具体语言（如C语言）的语法是工具，是算法的一个具体实现。所以在高级语言的学习中，一方面应熟练掌握该语言的语法，因为它是算法实现的基础，另一方面必须认识到算法的重要性，加强思维训练，以写出高质量的程序。

设计一个好的算法通常要考虑以下几个方面。

1）正确性：算法的执行结果要满足预先规定的功能和性能要求。

2）可读性：算法要思路清晰、层次分明、简单明了。

3）健壮性：能够适当处理输入的非法数据。

4）高效性：具有较高的空间存储效率和较高的时间效率。

下面通过例子来介绍如何设计一个算法。

【例 3-1】输入 3 个数，然后输出其中最大的数。

首先，得先有个地方装这 3 个数，我们定义 3 个变量 A、B、C，将 3 个数依次输入到 A、B、C 中，另外，再定义一个变量 MAX 用于存放最大数。由于计算机一次只能比较两个数，因此首先把 A 与 B 比，大的数放入 MAX，再把 MAX 与 C 比，又把大的数放入 MAX 中。最后，把 MAX 输出，此时 MAX 中存放的就是 A、B、C 三个数中的最大数。算法表示如下。

1）输入 A、B、C。

2）A 与 B 中大的那个放入 MAX。

3）把 C 与 MAX 中大的那个放入 MAX。

4）输出 MAX，MAX 即为最大数。

其中的 2）、3）两步仍不明确，无法直接转化为程序语句，可以继续细化。

2）把 A 与 B 中大的那个放入 MAX，若 A > B，则 MAX←A；否则 MAX←B。

3）把 C 与 MAX 中大的那个放入 MAX，若 C > MAX，则 MAX←C。

于是算法最后可以写成。

1）输入 A，B，C。

2）若 A > B，则 MAX←A；否则 MAX←B。

3）若 C > MAX，则 MAX←C。

4）输出 MAX，MAX 即为最大数。

这样的算法已经可以很方便地转化为相应的程序语句了。

3.1.2 算法的组成要素

一个算法主要包括两大要素：操作和控制结构。

1. 操作

C 语言中所描述的操作主要包括：算术运算、逻辑运算、关系运算、位运算、函数调用和输入/输出操作等。算法就是由这些操作组成的。

2. 控制结构

组成算法的一系列操作按不同的顺序执行，就会得出不同的结果。在算法中，控制结构用于控制组成算法的各操作的执行顺序。结构化程序设计要求：任何程序只能由 3 种基本控制结构组成，即顺序结构、选择结构和循环结构。

1）顺序结构：执行顺序与程序的书写顺序相同。

2）选择结构：在执行到某一语句时，要进行判断，从而选择执行路径。

3）循环结构：当设定的条件成立时，一条或多条语句重复执行若干遍，直到设定的条件不成立为止。

在构造一个算法时，以这 3 种结构作为基本单元，同时，这 3 种结构之间可以并列和互相包含，但不允许交叉，也不允许从一个结构直接转到另一个结构内部去。例如，循环结构里可以包含顺序结构和选择结构；选择结构里也可以包含顺序结构和循环结构。

3.1.3 算法的描述

前面通过一个简单的算法介绍了算法的设计过程，除了上例中的自然语言外，也可以使用流程图、N－S 图、PAD 图、伪代码等来描述一个算法。

1. 自然语言

自然语言就是人们日常使用的语言，可以是汉语或英语或其他语言。用自然语言表示通俗易懂，但文字冗长，容易出现“歧义性”。自然语言表示的含义往往不太严格，要根据上下文才能判断其正确含义，描述包含分支和循环的算法时也不很方便。因此，除了那些很简单的问题外，一般不用自然语言描述算法。

2. 流程图

流程图兴起于 20 世纪五六十年代。这种方法的特点是使用不同的几何框图表示相应的算法操作，在框图内用简洁的字符来说明具体的操作内容，用流程线连接各个框图。流程图中所使用的标准符号如图 3-1 所示。

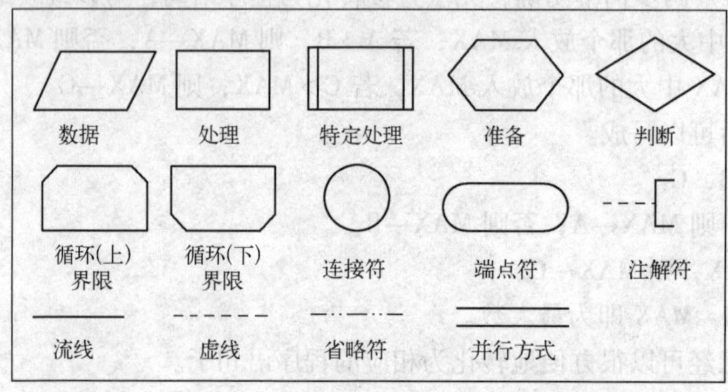

图 3-1　流程图标准符号

1）数据：平行四边形表示数据，其中可注明数据名、来源、用途或其他文字说明。此符号并不限定数据的媒体。

2）处理：矩形表示各种处理功能。例如，执行一个或一组特定的操作，从而使信息的值、信息形式或所在位置发生变化，或是确定对某一流向的选择。矩形内可注明处理名或其简要功能。

3）特定处理：带有双纵边线的矩形表示已命名的特定处理。该处理为在其他地方已得到详细说明的一个操作或一组操作，例如子程序、模块。矩形内可注明特定处理名或其简要功能。

4）准备：六边形符号表示准备。它表示修改一条指令或一组指令以影响随后的活动，例如，设置开关，修改变址寄存器，初始化例行程序。

5）判断：菱形表示判断或开关。菱形内可注明判断的条件。它只有一个入口，但可以有若干个可供选择的出口，在对符号内定义的条件求值后，有一个且仅有一个出口被激活。求值结果可在表示出口路径的流线附近写出。

6）循环界限：循环界限分为去上角矩形的上界限和去下角矩形的下界限，分别表示循环的开始和循环的结束。

7）连接符：圆表示连接符，用以表明转向流程图的其他地方，或从流程图的其他地方转入。它是流线的断点。在图内注明某一标识符，表明该流线将在具有相同标识符的另一连接符处继续下去。

8）端点符：扁圆形表示转向外部环境或从外部环境转入的端点符，例如程序流程的起始或结束，数据的外部使用起点或终点。

9）注解符：注解符由纵边线和虚线构成，用以标识注解的内容。虚线需要连接到被注解的符号或符号组合上。注解的正文应靠近左边线。

流程图的基本控制结构如图 3-2 所示。

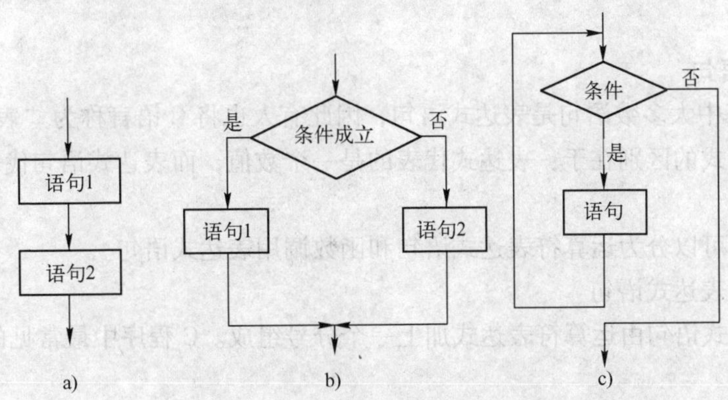

图 3-2　流程图基本控制结构

a）顺序结构　b）选择结构　c）循环结构

3.2　C 语言基本语句

语句是实现算法的程序表示，是实现算法的最小单位。在 C 语言程序中，无论是数据的描述，还是操作的控制，都是以语句的形式表现出来的。语句是 C 语言程序的最基本单元。C 语言中的语句可分为 5 类，分别是声明语句、表达式语句、复合语句、空语句和流程控制语句。

1. 声明语句

声明语句用来声名标识符的合法性，以便能在程序中使用它们。在 C 语言中所有的标识符在使用之前必须声明，且声明语句必须写在其他语句的前面，同时，标识符不能重复声明。

例如：

```
int x,y,z;
char c;
int prime(int n);
```

以上语句分别声明了变量 x，y，z 的类型为 int 类型，声明了变量 c 为 char 类型，声明了返回值为 int 类型的 prime 函数，该函数具有一个 int 类型的参数。

下面的声明语句是错误的。

```
main()
{
int a,b;
float a;                                    //此处错误,重复声明变量 a
printf("\n Please input m and n:");
int n;                                      //此处错误,声明语句应该写在其他语句的前面
scanf("%d%d:,&m,&n);                        //此处错误,没有声明变量 m 就直接使用
printf("n=%d",n);
}
```

2. 表达式语句

由于 C 程序中大多数语句是表达式语句，因此有人也将 C 语言称为“表达式语言”。表达式语句和表达式的区别在于：表达式代表的是一个数值，而表达式语句代表的是一种动作特征。

表达式语句可以分为运算符表达式语句和函数调用表达式语句。

（1）运算符表达式语句

运算符表达式语句由运算符表达式加上一个分号组成。C 程序中最常见的运算符表达式语句为赋值语句。

例如：

```
b++;
a*=b;
x=5.2;
a+b;
```

其实，执行运算符表达式语句就是计算表达式的值。在上面的第 4 条语句中，变量 a 和变量 b 的值相加，而整个表达式的值并没有保存，因此，整个语句没有实际意义。在编写程序时，一定要避免这类语句的出现。

（2）函数调用表达式语句

函数调用表达式语句由函数名、实际参数列表加上分号组成，其一般形式为：

```
函数名(实际参数列表);
```

例如：

```
printf("total=%d",t);
```

3. 复合语句

在 C 语言中，可以用 {} 把一些语句括起来构成复合语句。复合语句经常被用于选择结构中执行多条语句和循环结构中循环体为多条语句的情况。

例如：

```
if(a > b)
{
    t = a;
    a = b;
    b = t;
}
```

又如:

```
i = 0;
while(i <= 100)
{
    s += i;
    i ++ ;
}
```

注意: 复合语句中最后一条语句末尾的分号不能省略。

4. 空语句

空语句由一个单独的分号构成，什么操作也不执行，经常被用作空循环体。

例如:

```
for(i = 0;i <= 100;sum += i,i ++ );
```

5. 流程控制语句

流程控制语句用于控制程序的流程。C 语言包含 3 类 9 条控制语句，它们是。

1）条件判断语句：if - else 语句和 switch 语句。

2）循环语句：for 语句、while 语句和 do - while 语句。

3）转向语句：break 语句、continue 语句、goto 语句和 return 语句。

3.3 数据的输入/输出

在程序的运行过程中，用户往往需要输入一些数据，同时，需要获得程序运算的结果来实现人机交互，所以在程序设计中，输入/输出语句是必不可少的。在 C 语言中，没有专门的输入/输出语句，所有的输入/输出操作都是通过对标准 I/O 库函数的调用实现，其对应的头文件为 stdio. h。最常用的输入/输出函数有 scanf、printf、getchar 和 putchar 语句。

3.3.1 字符数据的输入/输出

在 C 语言中，字符的输入和输出可以用 getchar 和 putchar 函数实现，在使用这两个函数时，应该在头文件中包含 stdio. h 头文件，即在 main 函数前添加#include < stdio. h > 。

1. 字符输出函数 putchar

putchar 函数的作用是向屏幕输出一个字符，并返回输出字符的 ASCII 编码值。其一般

形式为:

```
putchar(c);
```

注意: putchar 函数必须带输出项，输出项可以是字符型常量、变量、表达式，也可以是字符的 ASCII 码，但只能是单个字符而不能是字符串。

【例 3-2】 输出字符。

```
#include < stdio. h >
main()
{
    char a;
    int i =65;
    a ='A';
    putchar(a);              //输出字符'A'
    putchar('\n');           //输出换行符,起到换行的作用
    a +=32;
    putchar(a);              //输出字符'a',大写字符的 ASCII 码 +32 等于小写字符的 ASCII 码
    putchar('\n');
    putchar(i);              //输出字符'A',因为字符'A'的 ASCII 码为 65
}
```

上面程序的运行结果为:

```
A
a
A
```

同样，也可以使用 putchar 函数输出其他转义字符，如:

```
putchar('\'');                  //输出单引号'字符
putchar('\\');                  //输出\字符
putchar('\101');                //输出字符'A'
putchar('\007');                //或写作"putchar(7);",发出"嘟"的声音
```

2. 字符的输入函数 getchar

getchar 函数的作用是从输入设备输入一个字符，并将输入的字符赋给一个字符型变量，其一般形式为:

```
c = getchar();
```

例如:

```
ch = getchar();
```

ch 为字符型变量，上述语句接收从键盘输入的一个字符并将它赋给 ch。

注意：

1）getchar 函数只能接收一个字符，输入字符后需要按〈Enter〉键，程序才会完成相应的输入，继续执行后面的语句。

2）如果需要连续输入几个字符，在输入时，用户连续输入字符，最后按一次〈Enter〉键即可，不要输入一个字符按一次〈Enter〉键，否则，〈Enter〉键也将被当作字符输入到变量中。

【例 3-3】 输入字符。

```
#include < stdio. h >
    main( )
    {
    char c1,c2,c3;
    c1 = getchar( );
    c2 = getchar( );
    c3 = getchar( );
    putchar( c1);
    putchar( c2);
    putchar( c3);
    }
```

上面程序运行后，如果输入：

```
abc ↵            //"↵"表示〈Enter〉键
```

变量 c1 的值为字符'a'，变量 c2 的值为 'b'，变量 c3 的值为 'c'，故输出结果为：

```
abc
```

如果输入：

```
a ↵
b ↵
```

变量 c1 的值为字符'a'，变量 c2 的值为 '↵'，变量 c3 的值为 'b'，故输出结果为：

```
a
b
```

3.3.2 格式化输出函数 printf

1. printf 函数的使用形式

在 C 语言中，输出字符可以使用 putchar 函数，如果需要输出其他类型的数据，则需要使用 printf 函数。printf 函数的功能为按“格式控制字符串”规定的格式，向输出设备（一般为显示器）输出在输出项列表中列出的各输出项，其一般形式为：

```
printf("格式控制字符串", 输出项列表);
```

其中，输出项可以是常量、变量、表达式，个数可以是0个、一个或多个，每个输出项之间用逗号分隔。输出的数据类型可以是整型、实型和字符型。同时，输出项的类型与个数必须与格式控制字符串中格式字符的类型、个数一致。格式控制字符串必须用双引号括起，由格式说明符和普通字符两部分组成。

例如：

```
int m;
float n;
char ch;
m = 5;
n = 7.8;
ch = 'A';
printf("m = %d,ch = %c,n = %f",m,ch,n);
```

上面代码的输出结果为：

```
m = 5,ch = A,n = 7.800000
```

在上面的代码中，%d，%c 和%f 为格式说明符，在输出时，格式说明符部分的内容会被与之一一对应的输出项的值替换，其他字符原样输出。

2. 格式说明符

(1) 格式说明符的形式

在使用 printf 函数时，输出不同类型的数据要采用不同的格式说明符。格式说明符的一般形式为：

```
%[<修饰符>]<格式字符>
```

(2) 格式字符

格式字符规定了对应输出项的输出格式，常用格式字符如表 3-1 所示。

表 3-1 格式字符

格式字符	作用
c	用来输出一个字符
d	用来输出十进制整数
ld	用来输出长整数
f	用来输出实数（包括单精度和双精度），以小数形式输出，默认保留 6 位小数
s	用来输出一个字符串
o	以八进制整形式输出整数
x	以十六进制数形式输出整数
u	用来输出 unsigned 型数据，即无符号数，以十进制形式输出
e（或 E）	以整数形式输出实数
g（或 G）	用来输出实数，它根据数值的大小，自动选 f 格式或 e 格式（选择输出是占宽度较小的一种），且不输出无意义的零

例如：

```
int a = 56;
long b = 123456;
char c = 'A';
float d = 7.89;
double m = 12345.67;
printf("a = %d,a(o) = %o,a(x) = %x,b = %ld,c = %c,d = %f,m = %f",a,a,a,b,c,d,m);
```

上面代码的输出结果为：

```
a = 56,a(o) = 70,a(x) = 38,b = 123456,c = A,d = 7.890000,m = 12345.670000
```

(3) 格式修饰符

格式修饰符在输出时是可选的，用于确定数据输出的宽度、精度、小数位数、对齐方式等，用于产生更规范、整齐的输出，当没有修饰符时，以上各项按系统默认设置显示。

1) 宽度修饰符。

宽度修饰符的格式为：

```
%[width][.prec]<格式字符>
```

其中，[width]是一个数字，表示输出数据的总宽度，可以省略；[.prec]也是一个数字，表示数据的精度，可以省略。

注意：

- 如果数据的宽度超出设置的宽度，数据将按实际输出；如果数据的宽度小于设置的宽度，数据将通过补充空格的方法达到设置的宽度。

例如：

```
int a = 56,b = 6789;
printf("%5d,%3d",a,b);
```

上面代码的输出结果为：

```
␣␣␣56,6789          //␣表示空格字符
```

由于变量 a 的值为 56，不够 5 位，所以输出时，前面补 3 个空格；变量 b 的值为 6789，超出了 3 位，所以输出时，按实际输出。

- [.prec]部分对整数、实数和字符串数据输出具有不同的含义。

对于整数：表示输出数据位数，不足的位补 0。

对于实数：表示小数点后的数字位数，不足补 0，超出则舍入处理。

对于字符串：表示最多输出字符的个数，不足补空格，超出则丢弃。

例如：

```
int a = 56;
float b = 789.567;
printf("%5.3s,a = %.4d,b = %7.2f,b = %.4f","welcome",a,b,b);
```

上面代码的输出结果为：

```
␣␣wel,a = 0056,b = ␣789.57,b = 789.5670
```

%5.3s 表示输出项共占 5 位，截取“welcome”3 位，不足的补空格；%.4d 表示输出的整数共占 4 位，不足的补 0；%7.2f 表示输出项共占 7 位，小数保留 2 位，由于变量 b 的值为 789.567，小数部分超过 2 位，所以四舍五入后，为 789.57，连同小数点共 6 位，需要补一个空格；%.4f 表示保留小数后 4 位，对于宽度没有限制，由于变量 b 的值的小数位数不足 4 位，所以后补 0。

可以看出，当指定宽度小于数据的实际宽度时，按该数的实际宽度输出。若实数的小数位数超出设置的位数，小数位数将按四舍五入的原则进行舍弃。例如：12.34567 按% 5.2f 输出，输出 12.35。

2）对齐方式修饰符。

负号“-”为“左对齐”格式控制符，一般所有输出数据为右对齐格式，加一个“-”号，则变为“左对齐”方式。

例如：

```
int i = 123;
float a = 12.34567;
printf("%4d,%10.4f",i,a);
```

上面代码的输出结果为：

```
␣123, ␣␣␣12.3457
```

若把上面的输出语句改为：

```
printf("% -4d % -10.4f",i,a);
```

则输出结果变为：

```
123 ␣,12.3457 ␣␣␣
```

3）l 和 h。

可以与输出格式字符 d、f、u 等连用，以说明是用 long 型或 short 型格式输出数据，如：

- %hd：短整型。
- %lf：双精度型。
- %ld：长整型。
- %hu：无符号短整型。

3. 普通字符

普通字符包括可打印字符和转义字符，可打印字符主要是一些说明字符，这些字符按原样显示在屏幕上，如果有汉字系统支持，也可以输出汉字。

转义字符是不可打印的字符，它们其实是一些控制字符，控制产生特殊的输出效果。

例如：i = 123，n = 456，a = 12.34567，且 i 为整型，n 为长整型。

```
printf("i = %4d,a = %9.4f\nn = %lu\n" , i , a , n );
```

上面代码的输出结果为：

```
i = ␣123,a = ␣␣12.3457
n = 456
```

在 C 语言中，如果要输出%，则在控制字符中用两个%表示，即%%。例如：

```
printf("int = %%d,float = %%f");
```

上面代码的输出结果为：

```
int = %d,float = %f
```

【例 3-4】输出格式控制符的使用。

```
#include <stdio.h>
main()
{
    int a;
    long b;
    char c;
    float f;
    double g;
    a = 1023;
    b = 3333;
    c = 'K';
    f = 3.1415926535898;
    g = 3.1415926535898;
    printf("a(10) = %6d\n" , a);
    printf("a(8) = %o\n" , a);
    printf("a(16) = %x\n" , a);
    printf("b = %ld\n" , b);
    printf("c = %c\n" , c);
    printf("f = %7.2f\n" , f);
    printf("g = %6.5f\n" , g);
    printf("s = % -5.2s\n","China");
}
```

执行程序，输出为：

```
A(10) = ␣␣1023
A(8) =1777
A(16) =3ff
b =3333
c =K
f =␣␣␣3.14
g =3.14159
s =Ch␣␣␣
```

3.3.3 格式化输入函数 scanf

1. scanf 函数的使用形式

格式化输入 scanf 函数的功能是从键盘上输入任何类型数据，该输入数据按指定的输入格式被赋给相应的输入项。函数一般形式为：

```
scanf( "格式控制字符串",输入项地址列表);
```

其中格式控制字符串规定数据的输入格式，必须用双引号括起，其内容和 printf 函数相同。输入项地址列表则由一个或多个变量地址组成，当变量地址有多个时，各变量地址之间用逗号“,”分隔。

2. 格式说明符

scanf 函数的格式控制字符串和 printf 函数一样，包含格式说明符和普通字符。

(1) 格式说明符

格式说明符规定了输入项中的变量的数据类型，其一般形式为：

```
% [ <修饰符> ] <格式字符>
```

其中，格式字符的含义如表 3-2 所示。

表 3-2　输入格式字符

格式字符	作　用
d	输入一个十进制整数
o	输入一个八进制整数
x	输入一个十六进制整数
f	输入一个小数形式的浮点数
e	输入一个指数形式的浮点数
c	输入一个字符
s	输入一个字符串

格式说明符中的修饰符是可选的，可以没有，C 语言中的格式修饰符如下。

1) 输入宽度。

输入宽度用于设置输入的数据所占的宽度。如果输入的数据宽度小于设置宽度，按实际数据输入；如果输入的数据的宽度超过设置的宽度，则截取设置宽度作为变量的值。例如：

```
scanf("%3d",&a);
printf("%d",a);
```

如果输入 12，则输出的结果为 12；如果输入 12345，则输出的结果为 123。

2）l 和 h。

l 和 h 修饰符可以和 d、o、x 一起使用，加 l 表示输入数据为长整型，加 h 表示输入数据为短整型，例如：

```
scanf("%ld % hd" , &x , &i)
```

则 x 按长整型读入，而 i 按短整型读入。

3）字符 *。

* 表示按规定格式输入但不赋予相应变量，作用是跳过相应的数据，即在地址列表中没有对应的输入项。

例如：

```
main()
{
int a,b;
scanf("%4d% *d%d",&a,&b);
printf("\na=%d,b=%d",a,b);
}
```

执行上面的程序，若输入为“12 ␣34 ␣56”，则结果为 a=12，b=56。

3. 普通字符

与 printf 函数的普通字符不同，scanf 函数的格式控制字符串中普通字符是不显示的，而是规定了输入时必须输入的字符，即在输入时，格式控制字符串中的字符要原样输入。例如：

```
scanf("a=%d",&a);
```

执行上面的语句时，必须按下面的格式输入数据：

```
a=30
```

运行“scanf("%d,%d",&a,&b);”语句时，必须按下面的格式输入数据：

```
12,34
```

4. scanf 函数使用注意事项

1）scanf 函数的格式控制字符串中，如果包含普通字符，则输入时必须也要输入相应的普通字符，因此，在格式控制串中，除了必要的分隔符和格式说明符，尽量不要添加其他字符。

例如：

```
scanf("a = %d,b = %d",&a,&b);
```

如果想为 a 输入 5，b 输入 6，则必须按下列格式输入：

```
a = 5,b = 6 ↵
```

2）scanf 函数的输入项地址列表中的各变量需要添加地址操作符“&”，这是初学者容易忽略的一个问题。

例如，下面的输入语句是错误的。

```
scanf("%d%f",a,b);
```

上面的语句应该添加地址符，改为：

```
scanf("%d%f",&a,&b);
```

3）格式控制串中设置的输入类型应该与变量类型一致，否则变量的值会出现问题。

例如下面的语句：

```
int a;
float b;
scanf("%f%d",&a,&b);
printf("\na = %d,b = %f",a,b);
```

当输入：

```
123.456 ␣78
```

输出的结果为：

```
a = 1123477881,b = 0.000000
```

4）输入的数据之间需要添加分隔符。如果在格式控制串中设置了分隔符，则按设置的分隔符输入数据，如果没有设置分隔符，可以使用空格键、〈Tab〉键或〈Enter〉键分隔。

例如：

```
scanf("%d%d",&a,&b);
```

执行上面的语句时，可以输入：

```
12 ␣34 ↵
```

也可以输入：

```
12 ↵
34 ↵
```

而执行下面的语句时，

```
scanf("%d,%d",&a,&b);
```

必须按下面格式输入：

```
12,34 ↵
```

如果格式说明符中指定了输入位数，将自动按指定宽度来截取。例如：

```
scanf("%3d%2d",&a,&b);
```

执行上面语句时，如果输入：

```
1234567 ↵
```

则变量 a 的值为 123，变量 b 的值为 45。

5）输入实数时，不允许设置精度。

例如：

```
scanf("%4.2f",&a);
```

上面的语句是错误的。

6）如果输入的数据类型不匹配，scanf 函数将停止处理。

例如：

```
int a,b;
char c;
scanf("%d%c%d",&a,&c,&b);
printf("\na=%d,c=%c,b=%d",a,c,b);
```

执行上面的程序后，如果输入：

```
12␣a␣34 ↵
```

则变量 a 的值为 12，变量 c 的值为空格字符，变量 b 没有值。

3.4 精彩案例

顺序程序设计的思路如下：

1）输入数据。

2）处理数据。

3）输出结果。

本节主要介绍顺序结构的一些精彩案例，具体包括温度转换、进制转换、大小写字符转换和圆周长及面积计算 4 个案例。

3.4.1 温度转换

【例 3-5】输入一个摄氏温度，计算对应的华氏温度。

分析：

1）输入一个摄氏温度到变量 c。

2）根据华氏温度和摄氏温度的转换公式（华氏温度 =9/5 * 摄氏温度 +32）计算华氏温度，并将结果保存在变量 h 中。

3）输出计算结果 h。

程序代码：

```
#include <stdio.h>
main()
{
    float c,h;
    printf("请输入摄氏温度:");
    scanf("%f",&c);
    h=9.0/5*c+32;
    printf("%.2fC=%.2fH\n",c,h);
}
```

运行程序，输入 38，则输出结果为：

```
38.00C=100.40H
```

3.4.2 进制转换

【例 3-6】输入一个十进制整数，输出该十进制数对应的八进制数和十六进制数。

程序代码：

```
#include <stdio.h>
main()
{
    int n;
    printf("请输入一整数 n:");
    scanf("%d",&n);
    printf("%d 的八进制为:%o,十六进制为:%x",n,n,n);
}
```

运行程序，输入 95，则输出结果为：

```
95 的八进制为:137,十六进制为:5F
```

3.4.3 大小写字符转换

【例 3-7】输入一个小写英文字符，输出该字符和该字符的大写字符以及该字符大小写字符的 ASCII 码。

分析：

1）定义两个变量 c1 和 c2，c1 存放输入的小写字符，c2 存放对应的大写字符。

2）输入小写字符到 c1。

3）小写字符转换为大写字符。由于小写字符比对应的大写字符的 ASCII 码大 32，因此，c2 = c1-32。

4）输出大小写字符及相应的 ASCII 码。

程序代码：

```
#include < stdio. h >
main( )
{
    char c1,c2;
    printf("请输入一个字符:");
    scanf("%c",&c1);                              //输入一个字符,可以用 getchar 函数替换
    c2 = c1-32;                                   //计算该字符的大写字符
    printf("c1 = %c,c1Ascii = %d\n",c1,c1);       //输出小写字符及 ASCII 码
    printf("c2 = %c,c2 Ascii = %d\n",c2,c2);      //输出大写字符及 ASCII 码
}
```

运行程序，输入 d，输出结果为：

```
c1 = d, c1 Ascii = 100
c2 = D,c2 Ascii = 68
```

3.4.4 计算圆的周长和面积

【例 3-8】输入圆的半径，根据半径计算圆的周长和面积。

分析：

1）输入一个圆的半径到变量 r 中。

2）根据圆的周长和面积的计算公式，计算周长 l 和面积 s。

3）输出计算结果。

程序代码：

```
#include < stdio. h >
main( )
{
    float r,l,s;
    printf("请输入圆的半径:");
```

```
        scanf("%f",&r);
        l=2*3.1415926*r;
        s=3.1415926*r*r;
        printf("l=%8.2f\n",l);
        printf("s=%8.2f\n",s);
    }
```

运行程序，输入4，则计算结果为：

```
l=␣␣␣25.13
s=␣␣␣50.27
```

本章小结

本章介绍了结构化程序设计的算法及其描述方法、字符的输入/输出函数和格式化输入/输出函数的功能及用法。

算法是解决问题的灵魂，是程序设计的精髓。一个算法主要包含两大要素：操作和控制结构。算法可以用自然语言和流程图方法描述。

C语言提供了两个字符输入/输出函数——getchar函数和putchar函数。其中，getchar函数用于输入一个字符，putchar函数用于输出一个字符。C语言还提供了两个格式化输入/输出函数——scanf函数和printf函数。其中，printf函数用于输出任何类型的数据，scanf函数用于输入任何类型的数据。

通过对本章的学习，读者应该掌握C语言算法的设计方法以及各种类型数据的输入/输出方法，重点掌握scanf函数和printf函数的用法。

习题

1. printf函数中用到格式符% -6s。如果字符串长度大于6，则按方式________输出；如果字符串长度小于6，则按方式________输出。

   A. 从左起输出该字符串，右补空格　　B. 按原字符串长度从左向右全部输出
   C. 右对齐输出该字符串，左补空格　　D. 系统报错

2. putchar函数可以向终端输出一个________。

   A. 整型变量表达式　　B. 实型变量值
   C. 字符串　　D. 字符或字符型变量值

3. 阅读以下程序，当输入数据的形式为：25,13,10 ↵，则正确的输出结果为________。

```
main()
{
    int x,y,z;
    scanf("%d%d%d",&x,&y,&z);
    printf("x+y+z=%d\n",x+y+z);
}
```

A. x + y + z = 48　　B. x + y + z = 35　　C. x + z = 35　　D. 不确定值

4. 根据下面的程序及数据的输入和输出形式，程序中输入语句的正确形式应该为________。

```
main( )
{
    char ch1,ch2,ch3;
    输入语句
    printf("%c%c%c",ch1,ch2,ch3);
}
```

输出形式：DEF

输入形式：DEF

A. scanf("%c%c%c",&ch1,&ch2,&ch3);

B. scanf("%c,%c,%c",&ch1,&ch2,&ch3);

C. scanf("%c %c %c",&ch1,&ch2,&ch3);

D. scanf("%c%c",&ch1,&ch2,&ch3);

5. 已知 ch 是字符型变量，下面赋值语句正确的是________。

A. ch = 'a + b';　　B. ch = '\0';　　C. ch = 'a' + 'b';　　D. ch = 5-9;

6. 下列格式符中，可以用于以八进制形式输出整数的是________。

A. %d　　B. %8d　　C. %o　　D. %ld

7. 下列格式符中，可以用于以十六进制形式输出整数的是________。

A. %16d　　B. %8x　　C. %d16　　D. %d

8. a 是 int 类型变量，c 是字符变量。下列输入语句中错误的是________。

A. scanf("%d,%c",&a,&c);　　B. scanf("%d%c",a,c);

C. scanf("%d%c",&a,&c);　　D. scanf("d = %d,c = %c",&a,&c);

9. 输入一个字母，编写程序按字母顺序表顺序输出该字母前面的字母和后面的字母。

10. 输入一个球的半径，计算球的表面积和体积。(π 的精度为 3.1415，结果保留 2 位小数)

第4章　选择结构

大多数应用程序都会使用到选择结构，其特点是：程序的流程由多条分支（多个条件）组成，在程序的一次执行过程中，根据条件的不同，只有一条分支被选中执行，而其他分支上的语句被直接跳过。

C语言中，提供了两种选择结构语句：if语句和switch语句。if语句是通用的选择结构语句，即各种各样的选择结构都可以使用if语句实现；而switch语句用于特定情况下的多分支的选择结构。

本章主要介绍if语句和switch语句的用法。

4.1　if语句

if语句是通用的选择结构语句，它根据给定的条件进行判断，以决定执行某个程序分支。C语言的if语句有三种基本形式：单分支if语句、双分支if语句和多分支if语句。

4.1.1　单分支if语句

单分支if语句的功能是：如果表达式的值为真，则执行其后的语句，否则不执行该语句。单分支if语句的一般形式为：

```
if(表达式) 语句
```

单分支if语句的控制流程如图4-1所示。

注意：如果条件为真时，需要执行多条语句，可以将多条语句变成复合语句，即利用{和}将多条语句括起来。

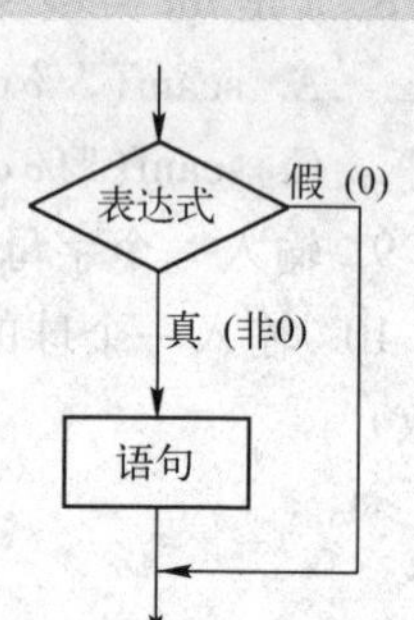

图4-1　单分支if语句的控制流程

【例4-1】 输入两个数，输出两个数的最大值。

分析：

1）输入两个数到变量a和变量b中。

2）假设变量a是两个数中的最大数，并存放到变量max中。

3）比较max和变量b的大小，如果max值小于b的值，则将b的值赋给max。

4）输出max的值，即最大值。

程序代码：

```
main()
{
    int a,b,max;
    printf("\n 请输入 a,b: ");
```

```
        scanf("%d,%d",&a,&b);
        max = a;
        if (max < b) max = b;
        printf("最大值是%d",max);
    }
```

上面的程序运行时，输入两个整数 10，20，输出结果为：

```
最大值是 20
```

【例 4-2】 输入两个数，将两个数按由小到大的顺序输出。

分析：

1）输入两个数到变量 a 和变量 b 中。

2）比较 a 和 b 的大小，如果 a 的值大于 b 的值，则将 a 的值和 b 的值对调，即将变量 a 的值赋给临时变量 t，再将 b 的值赋给 a，然后将 t 的值（变量 a 原来的值）赋给 b。

3）经过上述比较，变量 a 中存放的就是较小的数，变量 b 中存放的就是较大的数，输出变量 a 和 b 的值即可。

程序代码：

```
#include <stdio.h>
main()
{
    int a,b,t;
    printf("\n 请输入 a,b:");
    scanf("%d,%d",&a,&b);
    if(a > b)
    {
        t = a;
        a = b;
        b = t;
    }
    printf("%d,%d\n",a,b);
}
```

上面的程序运行时，输入 90，80，程序的输出结果为：

```
80,90
```

在上面的程序中，因为在表达式 a > b 条件为真时，需要执行三条语句，所以这三条语句用｛和｝括起来组成一个复合语句。

思考：在上面的程序中，如果不将 t = a；a = b；b = t；括起来，程序运行结果会变成什么呢？

4.1.2 双分支 if 语句

双分支 if 语句的功能是：如果表达式的值为真，则执行语句 1，否则执行语句 2。双分支 if 语句的一般形式为：

```
if(表达式)
    语句1;
else
    语句2;
```

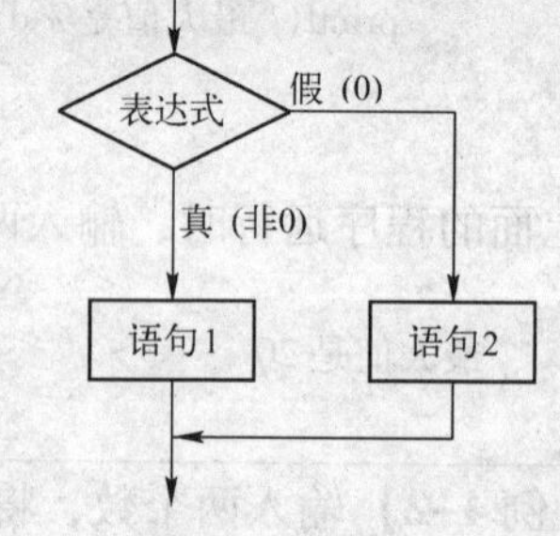

图 4-2 双分支 if 语句的控制流程

双分支 if 语句的控制流程如图 4-2 所示。

注意：语句 1 和语句 2 都可以是复合语句。

【例 4-3】 使用双分支 if 语句实现求两个数中的最大数。

分析：

1）输入两个数到变量 a 和 b 中。

2）比较 a 和 b 的大小，如果 a 大于 b，则将变量 a 的值赋给最大值变量 max，否则，将变量 b 的值赋给变量 max。

3）经过上述比较，变量 max 的值就是变量 a 和 b 的最大值，输出最大值 max 即可。

程序代码：

```
main()
{
    int a, b,max;
    printf("请输入 a,b: ");
    scanf("%d,%d",&a,&b);
    if(a > b)
        max = a;
    else
        max = b;
    printf("最大值为%d\n",max);
}
```

【例 4-4】 使用双分支 if 语句判断一个整数的奇偶。

分析：

1）输入一个整数到变量 a 中。

2）将变量 a 进行对 2 求余运算，如果结果为 0，则是偶数，否则为奇数。

程序代码：

```
#include <stdio.h>
main()
{
    int a;
```

```
    printf("\n请输入一个整数:");
    scanf("%d",&a);
    if(a%2==0)
        printf("%d是一个偶数\n",a);
    else
        printf("%d是一个奇数\n",a);
}
```

思考：如何判断一个数能否被另一个数整除呢，比如 a 能否被 3 整除？

4.1.3 多分支 if 语句

如果程序中有多个选择分支，就需要使用多分支 if 语句。多分支 if 语句的一般形式为：

```
if(表达式1)
    语句1;
else if(表达式2)
    语句2;
else if(表达式3)
    语句3;
…
else if(表达式n)
    语句n;
else
    语句n+1;
```

多分支 if 语句的含义是：依次判断表达式的值，当某个表达式的值为真时，执行其对应的语句，然后跳到整个 if 语句之外继续执行程序。如果所有的表达式均为假，则执行语句n+1，然后继续执行后续程序。多分支 if 语句的控制流程如图 4-3 所示。

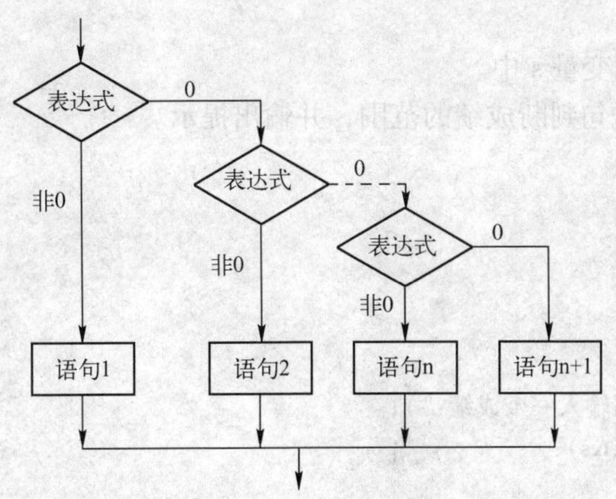

图 4-3　多分支 if 语句的控制流程

【例 4-5】输入一个字符，使用多分支 if 语句判断该字符的种类（大写字符、小写字符、数字字符和其他字符）。

分析：

1）输入一个字符到变量 c。

2）判断该字符的种类，如果 c >= '0 '&& c <= '9 '，则为数字字符；否则，如果 c >= 'A ' &&c <= 'Z '，则字符为大写字符；否则，如果 c >= 'a '&&c <= 'z '，则该字符为小写字符；否则为其他字符。

程序代码：

```
#include < stdio. h >
main( )
{
    char c;
    printf( " \n 请输入一个字符:" );
    c = getchar( );          //该语句也可以换成 scanf 语句
    if( c >= '0 '&&c <= '9 ')
        printf( " %c 是个数字字符\n" ,c);
    else if( c >= 'A '&&c <= 'Z ')
        printf( " %c 是个大写字母\n" ,c);
    else if( c >= 'a '&&c <= 'z ')
        printf( " %c 是个小写字母\n" ,c);
    else
        printf( " %c 是个其他字符\n" ,c);
}
```

思考：在上面的程序中，如果不使用多分支 if 语句，直接使用多个独立的单分支 if 语句并列判断字符的种类，会有什么问题呢？

【例 4-6】 输入一个成绩，对成绩进行评级：成绩 >= 90 为 A，成绩 >= 80 并且成绩 < 90为 B，成绩 >= 60 并且成绩 < 80 为 C，成绩 >= 30 并且成绩 < 60 为 D，成绩 < 30 为 E。

分析：

1）输入一个实数到变量 s 中。

2）利用多分支 if 语句判断成绩的范围，并输出提示。

程序代码：

```
#include < stdio. h >
main( )
{
    float s;
    printf( " \n 请输入一个成绩:" );
    scanf( " %f" ,&s);
    if( s < 30)
        printf( " E\n" );
    else if( s < 60)
        printf( " D\n" );
    else if( s < 80)
```

```
        printf("C\n");
    else if(s<90)
        printf("B\n");
    else
        printf("A\n");
}
```

思考：在上面程序中，判断 D、C、B 等级时，为什么只写了一个条件？例如，D 的条件为成绩 >=30 并且成绩 <60，为什么在程序中只判断 if(s<60)而不使用 if(s<60&&s >=30)？此外，可不可以使用 if(s<60&&s>=30)作为条件？

4.1.4 if 语句的嵌套

在 if 语句中又包含一条或多条 if 语句称为 if 语句的嵌套。其一般形式为：

```
if(表达式)
    if 语句;
```

或者为：

```
if(表达式)
    if 语句;
else
    if 语句;
```

在嵌套内的 if 语句可能又是 if - else 型语句的，这将会出现多个 if 和多个 else 重叠的情况，这时要特别注意 if 和 else 的搭配问题。例如：

```
if(表达式 1)
    if(表达式 2)
        语句 1;
    else
        语句 2;
```

注意：在 C 语言中规定，else 总是与它前面最近的 if 配对。

上面例子的 else 与 if（表达式 2）搭配。如果确实需要 else 与 if（表达式 1）搭配，应该将 if（表达式 2）语句 1 部分用 {} 括起来，从而避免 else 与 if（表达式 2）搭配，改写后代码格式如下：

```
if(表达式 1)
    {
        if(表达式 2)
            语句 1;
    }
else
    语句 2;
```

【例4-7】 输入身高（cm）和性别（F或M），根据不同性别判断身高标准。身高标准为：（女）身高 >= 170 输出 High，155 = < 身高 < 170 输出 Standard，身高 < 155 输出 Low；（男）身高 >= 185 输出 High，170 = < 身高 < 185 输出 standard，身高 < 170 输出 Low。

分析：

1）输入身高和性别到变量 tall 和 sex 中。

2）如果性别 M，根据男士的身高标准进行判断；否则，按照女士的身高标准进行判断。

程序代码：

```
#include <stdio.h>
main()
{
    int tall;              //身高
    char sex;              //性别
    printf("\n 请输入身高[cm]和性别[M|F]:");
    scanf("%d,%c",&tall,&sex);
    if(sex=='M')           //男士
        if(tall>=185)
            printf("偏高\n");
        else if(tall>=170)
            printf("标准\n");
        else
            printf("偏矮\n");
    else                   //女士
            if(tall>=170)
                printf("偏高\n");
            else if(tall>=158)
                printf("标准\n");
            else
                printf("偏矮\n");
}
```

思考：不使用 if 语句的嵌套，能不能实现上述功能？如果能，应该如何修改上面的代码呢？

4.2 条件运算符

如果在条件语句中只包含一条简单的赋值语句，条件表达式可用来代替 if 语句。条件表达式的一般形式为：

```
<表达式1>? <表达式2>:<表达式3>
```

条件表达式的求值规则为：如果 <表达式 1> 的值为真，则以 <表达式 2> 的值作为整个条件表达式的值，否则以 <表达式 3> 的值作为整个条件表达式的值。条件表达式通常用于赋值，可以使得程序更加简洁。

例如下面选择语句：

```
if(a > b)
max = a;
else
max = b;
```

可以直接写为

```
max = (a > b)? a:b;
```

注意：

1）条件运算符的运算优先级低于关系运算符和算术运算符，但高于赋值符，因此“max = (a > b)? a:b”可以写为“max = a > b? a:b”。

2）条件运算符的结合方向是自右至左。

例如：

```
a > b? a:c > d? c:d
```

应理解为：

```
a > b? a:(c > d? c:d)
```

这也就是条件表达式嵌套的情形，即其中的“c > d?c:d”又是一个条件表达式。

【例 4-8】 用条件表达式计算 3 个数中的最大值。

分析：

1）输入 3 个整数到变量 a、b、c 中。

2）用条件表达式计算出 a、b 的最大值，并放到变量 d 中。

3）用条件表达式计算出 d、c 的最大值，并继续放到变量 d 中。

4）d 即为 3 个数中的最大值，输出 d。

程序代码：

```
#include <stdio.h>
main()
{
    int a,b,c,d;
```

```
        printf("\n请输入 a,b,c:");
        scanf("%d,%d,%d",&a,&b,&c);
        d = a > b? a:b;
        d = d > c? d:c;
        printf("max = %d\n",d);
    }
```

思考：如何使用 if 语句实现上述功能？

4.3 switch 语句

switch 语句是另一种多分支控制语句，其特点是根据一个表达式的多个不同值，进行多个分支判断。其一般形式为：

```
switch(表达式)
{
    case 常量表达式 1:
        语句 1;
    case 常量表达式 2:
        语句 2;
    …
    case 常量表达式 n:
        语句 n;
    default :
    语句 n+1;
}
```

该语句的功能是：计算表达式的值，并逐个与 case 后的常量表达式的值相比较，当表达式的值与某个常量表达式的值相等时，即执行其后的语句，然后不再进行判断，继续执行后面所有 case 后的语句。如表达式的值与所有 case 后的常量表达式均不相同，则执行default 后的语句。

注意：如果表达式的值与某个常量表达式的值相同，只想执行相应的 case 后的语句，而不继续执行下面的其他 case 后的语句，则需要在 case 语句后添加“break;”语句。“break;”语句的功能是强制退出 switch 结构，继续执行 switch 结构下面的语句。

【例 4-9】 输入一个整数，如果整数的范围为 1 ~ 7，则输出这个整数对应的英文星期，否则，输出错误信息。如，输入 1，输出 Monday；输入 2，输出 Tuesday；…

分析：

1）输入一个整数到变量 w 中。

2）判断变量 w 的值，根据不同的值输出不同的英文星期，如果变量 w 的值不合理，输出错误信息。

程序代码：

```
main( )
{
    int w;
    printf("请输入一个整数(1~7)");
    scanf("%d",&w);
    switch (w)
    {
        case 1:
            printf("Monday\n");
            break;
        case 2:
            printf("Tuesday\n");
            break;
        case 3:
            printf("Wednesday\n");
            break;
        case 4:
            printf("Thursday\n");
            break;
        case 5:
            printf("Friday\n");
            break;
        case 6:
            printf("Saturday\n");
            break;
        case 7:
            printf("Sunday\n");
            break;
        default:
            printf("error\n");
            break;
    }
}
```

运行上面的程序，输入5，输出结果为：Friday。

思考：

1）如果去掉case语句后的"break;"，则输入5后，程序的输出结果是什么？

2）default后面的"break;"语句可不可以删掉？

在使用switch语句时还应注意以下几点。

1）在case后的各常量表达式的值不能相同，否则会出现错误。

2）在case后，允许有多个语句，可以不用{}括起来。

3）各case和default子句的先后顺序可以变动，而不会影响程序执行结果。

4）default子句可以省略不用。

【**例 4-10**】输入一个成绩，用 switch 语句对成绩进行评级：成绩 >=90 为 A，成绩 >=80 并且成绩 <90 为 B，成绩 >=60 并且成绩 <80 为 C，成绩 >=30 并且成绩 <60 为 D，成绩 <30 为 E。

分析：

1）输入一个成绩到实型变量 s 中。

2）由于成绩是一个实型连续数据，无法直接对成绩的值进行一一判断，因此，需要将成绩转换成离散的有限值的情况，可以将 s 变为整数除以 10，就将连续的数据变成离散的数据，即 0 ~ 10。

3）将上面相除的结果保存到整型变量 a 中，对 a 的取值进行判断。

程序代码：

```
main()
{
    float s;
    int a;
    printf("\n请输入一个成绩:");
    scanf("%f",&s);
    a = (int)s/10;
    switch (a)
    {
        case 10:
        case 9:
            printf("A\n");
            break;
        case 8:
            printf("B\n");
            break;
        case 7:
        case 6:
            printf("C\n");
            break;
        case 5:
        case 4:
        case 3:
            printf("D\n");
            break;
        default:
            printf("E\n");
            break;
    }
}
```

思考：所有的 switch 语句能否都可以用多分支的 if 语句实现？所有的多分支 if 语句能否都可以用 switch 语句实现？

4.4 精彩案例

本节主要介绍选择结构的一些精彩案例，具体包括个人所得税计算、BMI 计算、闰年判断和模拟计算器 4 个案例。

4.4.1 计算个人所得税

【例 4-11】 最新个税起征点为 3500 元，职工的纳税部分工资 = 职工总工资 - 五险一金 - 3500，纳税部分工资的纳税方案为：纳税工资 * 税率 - 速算扣除数，如表 4-1 所示。编写程序实现输入职工总工资、五险一金总额，输出该职工应发工资、五险一金、个人所得税和实发工资。

表 4-1 纳税部分工资的纳税方

级　数	税率（%）	速算扣除数
1（不超过 1500 元）	3	0
2（超过 1500 元至 4500 元）	10	105
3（超过 4500 元至 9000 元）	20	555
4（超过 9000 元至 35 000 元）	25	1005
5（超过 35 000 元至 55 000 元）	30	2755
6（超过 55 000 元至 80 000 元）	35	5505
7（超过 80 000 元）	45	13505

分析：

1）输入职工的总工资 salary 和五险一金总额 insurance。

2）计算职工纳税工资 tw。

3）对纳税工资进行分情况判断并计算相应的个人所得税 tax。

4）输出应发工资、个人所得税和实发工资。

程序代码：

```
#include <stdio.h>
main()
{
    double salary;                          //总工资
    double insurance;                       //五险一金
    double tax;                             //个人所得税
    double tw;                              //纳税部分工资
    double rs;                              //实发工资
    printf("请输入总工资和五险一金总额(salary,insurance):");
```

```
    scanf("%lf,%lf",&salary,&insurance);
    tw = salary - insurance - 3500;
    if(tw <=0)                    //如果纳税部分金额 <=0,则不纳税,实发金额为总工资 - 五险一金
    {
        tax =0;
        rs = salary - insurance;                    //计算实发金额
    }
    else if(tw <1500)
    {
        tax = tw * 0.03;
        rs = salary - insurance - tax;              //计算实发金额
    }
    else if(tw <4500)
    {
        tax = tw * 0.1;
        rs = salary - insurance - tax - 105;        //计算实发金额
    }
    else if(tw <9000)
    {
        tax = tw * 0.2;
        rs = salary - insurance - tax - 555;        //计算实发金额
    }
    else if(tw <35000)
    {
        tax = tw * 0.25;
        rs = salary - insurance - tax - 1005;       //计算实发金额
    }
    else if(tw <55000)
    {
        tax = tw * 0.3;
        rs = salary - insurance - tax - 2755;       //计算实发金额
    }
    else if(tw <80000)
    {
        tax = tw * 0.35;
        rs = salary - insurance - tax - 5505;       //计算实发金额
    }
    else
    {
        tax = tw * 0.45;
        rs = salary - insurance - tax - 13505;      //计算实发金额
    }
```

```
    printf("该职工的工资清单如下:\n");
    printf("应发工资:%lf\n",salary);
    printf("五险一金:%lf\n",insurance);
    printf("个人所得税:%lf\n",tax);
    printf("实发工资:%lf\n",rs);
}
```

4.4.2 体质指数（BMI）计算

【例 4-12】输入身高和体重，利用 BMI 公式计算是否超重。

BMI 公式：BMI = 体重/身高的平方，体重单位 kg，身高单位 m。

BMI 的取值情况如下：

BMI≤18	体重过低
BMI = 18 ~ 23.9	体重正常
BMI = 23.9 ~ 27.9	超重
BMI > 27.9	肥胖

本公式对 16 岁以下人士不适用，本公式计算结果仅供参考。

分析：

1）输入身高和体重到变量 t 和 w 中。

2）计算 BMI 值，并且保存到变量 b 中。

3）根据 BMI 公式以及变量 b 的值，输出超重情况。

程序代码：

```
main()
{
    float t,w,b;
    printf("\n请输入身高和体重(m,kg):");
    scanf("%f,%f",&t,&w);
    b = w/(t*t);
    if(b <= 18)
        printf("偏瘦\n");
    else if(b <= 23.9)
        printf("标准\n");
    else if(b <= 27.9)
        printf("偏胖\n");
    else
        printf("太胖了\n");
}
```

4.4.3 判断闰年

【例 4-13】输入一个 4 位的年份，判断该年是否为闰年。闰年的判断方法是，如果年份能被 400 整除，它是闰年；如果能被 4 整除，而不能被 100 整除，则它是闰年，否则不是闰年。

分析：

1）输入年份到变量 year 中。

2）判断 year 能否被 400 整除，即 year%400 求余是否为 0，0 能整除是闰年，否则，判断能否被 4 整除且不能被 100 整除，即如果“year%4 ==0&&year%100! =0”为真，则是闰年，否则不是闰年。

程序代码：

```
#include < stdio. h >
main( )
{
    int year;
    printf( " \n 请输入一个年份:" );
    scanf( " % d" ,&year);
    if( year%400 ==0)
        printf( " % d 年是闰年\n" ,year);
    else
        if( year%4 ==0&&year%100! =0)
            printf( " % d 年是闰年\n" ,year);
        else
            printf( " % d 年不是闰年\n" ,year);
}
```

4.4.4 模拟计算器

【例 4-14】计算器程序。用户输入运算数和四则运算符，输出计算结果。如输入 5 * 9，输出结果为 5 * 9 =45。运算符可以为 + 、 - 、 * 、/。

分析：

1）输入数字和运算符到变量 a、b、c 中。

2）根据运算符 c 的类型进行计算。如果运算符为/，需要判断 b 是否为 0，如果为 0，输出 b =0，否则按除法计算。

3）输出计算结果。

程序代码：

```
#include < stdio. h >
main( )
```

```
{
    float a,b;
    char c;
    printf("输入表达式(a+[-,*,/]b):");
    scanf("%f%c%f",&a,&c,&b);
    switch(c)
    {
        case '+':
            printf("%f+%f=%f\n",a,b,a+b);
            break;
        case '-':
            printf("%f-%f=%f\n",a,b,a-b);
            break;
        case '*':
            printf("%f*%f=%f\n",a,b,a*b);
            break;
        case '/':
            if(b==0)
                printf("b=0\n");
            else
                printf("%f/%f=%f\n",a,b,a/b);
            break;
        default:
            printf("输入运算符错误\n");
    }
}
```

本章小结

本章介绍了选择结构的 if 语句、条件运算符和 switch 语句。

在程序设计中，if 语句用于选择程序的不同分支，分为单分支 if 语句、双分支 if 语句和多分支 if 语句。switch 语句是另一种多分支控制语句，其特点是根据一个表达式的多个不同值，进行多个分支判断。

通过对本章的学习，读者应该掌握 C 语言选择结构程序设计的思路和基本语句的用法。

习题

1. 当 a=1，b=3，c=5，d=4 时，执行完下面一段程序后 x 的值是________。

```
if(a<b)
    if(c<d)
```

```
        x = 1;
    else
        if(a < c)
            if(b < d)
                x = 2;
            else
                x = 3;
        else
            x = 6;
    else
        x = 7;
```

A. 1　　B. 2　　C. 3　　D. 6

2. 以下程序的运行结果是________。

```
main()
{
    int k = 4,a = 3,b = 2,c = 1;
    printf("\n%d\n",k < a? k:c < b? c:a);
}
```

A. 4　　B. 3　　C. 2　　D. 1

3. 执行以下程序后，变量 a，b，c 的值分别为________。

```
int x = 10,y = 9;
int a,b,c;
a = ( --x == y++)? --x: ++y;
b = x++;
c = y;
```

A. a = 9，b = 9，c = 9　B. a = 8，b = 8，c = 10
C. a = 9，b = 10，c = 9　D. a = 1，b = 11，c = 10

4. 以下程序的运行结果是________。

```
main()
{
    int m = 5;
    if(m++ >5)
        printf("%d\n",m);
    else;
        printf("%d\n",m--);
}
```

A. 4　　B. 5　　C. 6　　D. 7

5. 下列各语句序列中，能够且仅输出整型变量 a、b 中最大值的是________。

A. if(a>b) printf("%d\n",a); printf("%d\n",b);

B. printf("%d\n",b); if(a>b) printf("%d\n",a);

C. if(a>b) printf("%d\n",a); else printf("%d\n",b);

D. if(a<b) printf("%d\n",a); printf("%d\n",b);

6. 下列各语句序列中，能够将变量 u、s 中的最大值赋值给变量 t 的是________。

A. if(u>s)t=u; t=s;　　　　B. t=s; if(u>s)t=u;

C. if(u>s)t=s; else t=u;　　　　D. t=u; if(u>s)t=s;

7. 下列语句应将小写字母转换为大写字母，其中正确的是________。

A. if(ch>='a'&ch<='z') ch=ch-32;

B. if(ch>='a'&&ch<='z')ch=ch-32;

C. ch=(ch>='a'&&ch<='z')? ch-32:'';

D. ch=(ch>'a'&&ch<'z')? ch-32:ch;

8. 两次运行下面的程序，如果从键盘上分别输入 6 和 4，则输出结果是________。

```
main()
{
    int x;
    scanf("%d",&x);
    if(x++ >5)
        printf("%d",x);
    else
        printf("%d\n",x--);
}
```

A. 7 和 5　　　　B. 6 和 3　　　　C. 7 和 4　　　　D. 6 和 4

9. 编程实现：输入整数 a 和 b，如果 a 能被 b 整除，就输出算式和商，否则输出算式、整数商和余数。例如输入 12 和 3，输出 12/3=4；输入 13 和 5，输出 13/5=2，余数为 3。

10. 编程判断输入的正整数是能否被 3 整除，不能被 7 整除。若是，则输出“x 符合要求”，否则输出“x 不符合要求”，其中 x 为用户输入的整数。

11. 输入年和月份，输出这一年的该月份有多少天。（注意，二月份需要判断闰年的问题，判断闰年的方法：如果年份能被 400 整除，或能被 4 整除而不能被 100 整除，则该年是闰年。）

第5章 循环结构

循环是计算机解决问题的一个主要方法。在实际问题中，常常需要进行大量的重复操作，循环结构可以通过写很少的语句完成大量同类问题的计算。

C 语言提供了 while 语句、do - while 语句和 for 语句 3 种循环结构语句。前两个语句称为条件循环，即根据条件来决定是否继续循环；后一个语句称为计数循环，即根据设置的执行次数来执行循环。

本章重点：

- 常用的循环算法。
- while 循环语句的用法。
- for 循环语句的用法。
- 循环嵌套的用法。

5.1 循环结构算法

在循环算法中，穷举与迭代是两类具有代表性的基本算法。

1. 穷举法

穷举法也称“枚举法”，它的基本思想是：根据题目的部分条件确定答案的大致范围，在此范围内对所有可能的情况一一列举，逐一验证，直到全部情况验证完。

用穷举法解题的过程是：

1）分析题目，确定答案的数据类型和大致范围。

2）根据答案的数据类型和范围确定列举范围和方法，使得循环能遍历范围内的所有情况。

3）对范围内的所有情况一一验证，如果某一情况为问题的答案，则输出答案，继续遍历其他情况，直到遍历所有情况为止。

【例 5-1】 鸡兔同笼问题。一个笼子中有 100 只鸡和兔子，共有 260 条腿，求鸡和兔子各有多少只。

分析：

1）首先分析问题的要求，即求鸡和兔子的只数，也就是说，只要求出鸡（或兔子）的只数，兔子（或鸡）的只数也就计算出来了。根据问题的要求，确定鸡的只数的数据类型为整型，范围为 0 ~ 100。

2）确定列举方法。假设鸡的只数用变量 j 表示，j 的范围为 0 ~ 100。

3）根据问题条件确定答案。j 在 0 ~ 100 的范围内，只要 j * 2 + (100 - j) * 4 等于 260，那么 j 就是问题的正确答案。

2. 迭代法

在数学中常常会遇到这样的问题：已知第一项（或几项），要求后面项的值，这就是递推方法。

从已知条件出发，逐步推算出要解决的问题的方法叫顺推。从问题的结果出发，从而逐步推算出题目的已知条件，这种递推方法叫作逆推。无论是顺推还是逆推，计算机在处理这样的问题时，经常把递推问题转换为迭代形式，即要找到迭代公式。

迭代是在程序中用同一个变量来存放每一次推出来的值，每一次循环都执行同一条语句，给同一变量赋以新的值，即用一个新值代替旧值，这种方法称为迭代。

利用迭代算法解决问题，需要做好以下 3 方面的工作。

（1）确定迭代变量

在可以用迭代算法解决的问题中，至少存在一个直接或间接地不断由旧值递推出新值的变量，这个变量就是迭代变量。

（2）建立迭代关系式

所谓迭代关系式，指如何从变量的前一个值推出下一个值的公式（或关系）。迭代关系式的建立是解决迭代问题的关键，通常可以使用递推或倒推的方法来完成。

（3）对迭代过程进行控制

在什么时候结束迭代过程，这是编写迭代程序必须考虑的问题。不能让迭代过程无休止地重复执行下去。迭代过程的控制通常可分为两种情况：一种是所需的迭代次数是一个确定的值，可以计算出来；另一种是所需的迭代次数无法确定。对于前一种情况，可以构建一个固定次数的循环来实现对迭代过程的控制；对于后一种情况，需要进一步分析出用来结束迭代过程的条件。

【例 5-2】 求 1 + 2 + 3 + … + 100。

分析：

（1）确定迭代变量

本问题求 1 ~ 100 的和，可以将所有数据的和放入到一个变量 sum 中，sum 初始为 0，整个问题的求解过程就变为：

```
sum = sum + 1
sum = sum + 2
…
sum = sum + 100
```

而变量 sum 就是迭代变量。

（2）建立迭代关系。

根据上面的迭代关系，可以发现所有的求过程都是类似的，因此上面的迭代可以抽象为下面的公式：

```
sum = sum + i;
i = i + 1;
```

其中，i 的范围为 1 ~ 100，每迭代一次，让 i 的值加 1。

(3) 对迭代过程进行控制

在本问题中，变量 i 的值从 1 一直到 100，当 i 等于 101 时，退出迭代。

5.2 while 语句

while 语句用于实现“当型”循环控制结构。其一般形式为：

```
while( <表达式> )
    循环语句;
```

首先判断 <表达式> 的值，如果表达式的值为真（非 0），就执行循环语句；如果表达式的值为假（0），就退出循环。while 语句的控制流程如图 5-1 所示。

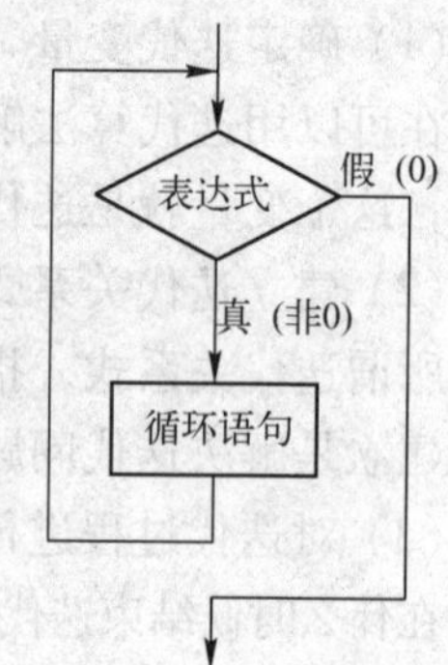

图 5-1　while 语句的控制流程

注意：

1）如果循环语句为多条语句，则需要使用 {} 括起来构成复合语句。

2）如果 <表达式> 的值第一次就为假（0），则立刻退出循环，即循环体一次也不执行。

【例 5-3】输入一个整数 n，计算 n!。

分析：

1）n! = n * (n-1) * (n-2) * … * 1，即将所有的乘积放到一个变量 f 中，f 的初值设置为 1。

2）迭代公式为 f = f * i，其中，i 的范围为 1 ~ n。

程序代码：

```
#include <stdio.h>
main()
{
    int n,i;
    long f;
    printf("\n 请输入一个整数(n >=0):");
    scanf("%d",&n);
    f = 1;
    i = 1;
    while(i <= n)
    {
        f = f * i;
        i ++;
    }
    printf("%d! = %ld\n",n,f);
}
```

【例 5-4】鸡兔同笼问题。一个笼子中有 100 只鸡和兔子，共有 260 条腿，求鸡和兔子各有多少只。

分析：

1）假定笼子中共有 j 只鸡，j 的范围为 0 ~ 100，则兔子的只数为 100 - j。

2）循环遍历鸡的只数，即 j = 0，1，2，3，…，100。

3）在循环语句中判断每种情况下鸡和兔子的腿数是否和题目中要求的一致，一致即为求解答案。无论是否求出答案，都要继续遍历其他情况，因为有些问题可能是多解。

程序代码：

```
#include <stdio.h>
main()
{
    int j;
    j = 0;
    while(j <= 100)
    {
        if(j * 2 + (100 - j) * 4 == 260)
            printf("%d 只鸡, %d 只兔子\n",j,100 - j);
        j++;
    }
}
```

上面的程序运行后，输出结果为：

```
70 只鸡, 30 只兔子
```

5.3 do - while 语句

do - while 语句用于先执行循环体，再判断条件的循环结构。其一般形式为：

```
do
    循环语句
while( <表达式> );
```

该循环结构的含义是：先执行循环体，然后判断 <表达式> 的值，如果表达式的值为真（非 0），就执行循环语句；如果表达式的值为假（0），就退出循环。do - while 语句的控制流程如图 5-2 所示。

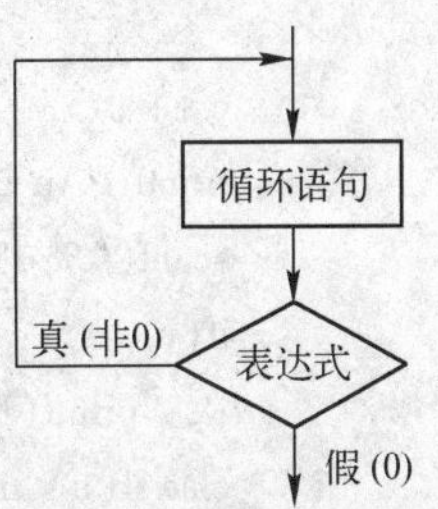

图 5-2　do - while 语句的控制结构

注意：

1）如果循环语句为多条语句，则需要使用 {} 括起来构成复合语句。

2）如果 <表达式> 的值第一次就为假（0），则退出循环，但循环语句已经执行 1 次，因此 do - while 循环结构的循环语句至少执行 1 次。

3）do - while 语句的 while（ <表达式> ）后面需要加分号。

4）除了第一次条件为假的情况，do - while 循环和 while 循环完全等价。

在例 5-3 和例 5-4 中，可以直接将 while 循环结构改为 do - while 循环结构，其他语句不需要修改。

【例 5-5】 猜数游戏。系统产生一个 0 ~ 100 的随机整数，用户猜测这个随机数，如果猜错，继续猜测；如果猜对，根据用户猜测的次数给出成绩。用户猜对或者输入 -1，退出游戏。成绩的评定方法为：

小于等于 4 次猜中，评价为“很棒”；

大于 4 次且小于等于或 7 次猜中，评价为“很好”；

大于 7 次且小于等于或 10 次猜中，评价为“一般”；

大于 10 次猜中，评价为“太差了”。

分析：

1）生成一个[0,100)的随机数并放入变量 n，设置用户输入次数计数变量 c，初值为 0。

2）用户输入一个整数放入变量 u，输入次数 c 加 1。

3）比较 u 和 n 的大小，如果 u > n 或 u < n，给出相应的提示信息。如果 u 和 n 相等，判断 c 的值，并给出成绩。

4）如果 u 不等于 -1 并且 u 不等于 n，转到 2）继续执行。

程序代码：

```
#include < stdio. h >
#include < time. h >
main( )
{
    //n 存放随机数,u 为用户输入的整数,c 记录用户输入的次数
    int n,u,c;
    srand( time( NULL) ) ;                    //将时间作为随机数种子,必须添加
    n = rand( ) % 100;                        //产生[0,100)之间的随机整数
    c =0;                                     //输入次数置 0
    do
    {
        c ++ ;
        printf( " \n 请输入一个数字[0,100) :" ) ;
        scanf( " % d" ,&u) ;
        if( u > n)                            //如果 u 大于 n,提示用户输入的数据太大
            printf( " 你输入的数字太大了\n" ) ;
        else if( u < n)                       //如果 u 小于 n,提示用户输入的数据太小
```

```
            printf("你输入的数字太小了\n");
        else                            //如果 u 等于 n,根据用户输入的次数进行评分
            if(c <=4)
                printf("答对了!你好棒啊!\n");
            else if(c <=7)
                printf("答对了!成绩很好啊!\n");
            else if(c <=10)
                printf("答对了!成绩一般啊!\n");
            else
                printf("终于答对了!成绩太差了!\n");
    }while(u! =n && u! = -1);    //循环条件是 u! =n 且 u! = -1
}
```

思考：上面的程序，如果用 while 循环结构，应该如何修改呢?

5.4 for 语句

for 语句是循环控制结构中使用最广泛、最灵活的一种循环控制语句，它不仅可以用于循环次数已经确定的情况，而且可以用于循环次数不确定而只给出循环结束条件的情况，因此，for 语句完全可以代替 while 语句。

1. for 语句的形式

for 语句的一般形式为：

```
for ( <表达式 1 > ; <表达式 2 > ; <表达式 3 > )
    循环语句
```

其中：

1）<表达式 1>：一般为赋值表达式，给控制变量赋初值。

2）<表达式 2>：关系表达式或逻辑表达式，循环控制条件。

3）<表达式 3>：一般为赋值表达式，给控制变量增量或减量。

4）循环语句：循环体，当有多条语句时，必须使用复合语句。

for 语句的控制流程图如图 5-3 所示，其执行过程如下。

1）先计算 <表达式 1>。

2）计算 <表达式 2>，若 <表达式 2> 为真（非 0），则执行步骤 3）；否则，执行步骤 5）。

3）执行循环语句，计算 <表达式 3>。

4）转到步骤 2）继续执行。

5）for 循环结束，执行 for 循环下面的语句。

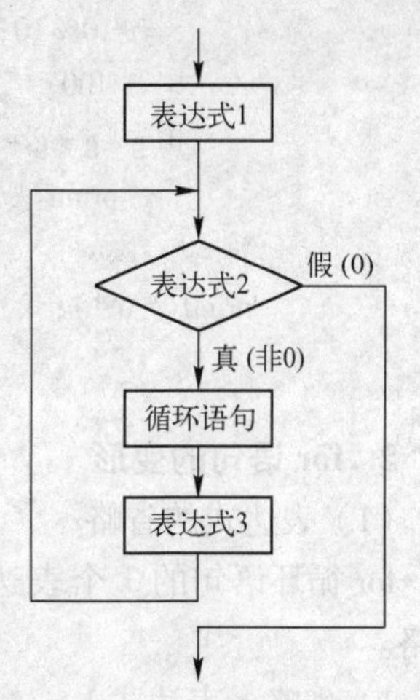

图 5-3　for 语句的控制流程

【例 5-6】求 1 ~ 100 和的程序。

用 for 循环编写如下：

```
main()
{
    int sum = 0,i;
    for(i = 1;i <= 100;i ++)
        sum += i;
    printf("sum = % d\n",sum);
}
```

【例 5-7】打印出所有的“水仙花数”。所谓“水仙花数”是指一个三位数，其各位数字的立方和等于该数本身。例如：153 是一个“水仙花数”，因为 $153 = 1^3 + 5^3 + 3^3$。

分析：

1）利用 for 循环遍历 100 ~ 999 之间的所有数。

2）将每个数 i 的个位、十位、百位分解出来，分别放入变量 g、s、b。分解的方法为：个位 g = i% 10，十位 s = i/10% 10，百位 b = i/100。

3）判断 g * g * g + s * s * s + b * b * b 是否等于 i，若等于 i，则 i 是水仙花数，输出 i；否则继续遍历其他的数。

程序代码：

```
#include < stdio. h >
main()
{
    int i,g,s,b;
    for(i = 100;i <= 999;i ++)
    {
        g = i% 10;
        s = i/10% 10;
        b = i/100;
        if(g * g * g + s * s * s + b * b * b == i)
            printf("% 5d",i);
    }
    printf("\n");
}
```

2. for 语句的变形

（1）表达式的省略

for 循环语句的 3 个表达式均可以省略，但在省略表达式时，表达式之间的分号不能省略。

1）省略 <表达式 1>。

在省略 <表达式 1>时，一定要在循环语句前面给循环变量赋初值。例 5-6 中，求 1 ~

100 和的 for 循环语句省略 <表达式 1> 后可以改为：

```
s = 0;
i = 1;
for( ;i <= 100;i ++ )
s += i;
```

2）省略 <表达式 3>。

在省略 <表达式 3> 时，一定要在循环语句中通过语句改变循环变量的值。例 5-6 的 for 循环语句省略 <表达式 3> 后可以改为：

```
s = 0;
for( i = 1;i <= 100; )
{
    s += i;
    i ++ ;
}
```

3）省略 <表达式 2>。

在省略 <表达式 2> 时，一定要在循环语句中设定退出循环的条件。例 5-6 中的 for 循环语句省略 <表达式 2> 后可以改为：

```
s = 0;
for( i = 1; ;i ++ )
{
    if( i > 100) break;//break 语句为强制退出循环语句
    s += i;
}
```

4）3 个表达式都省略。

```
s = 0;
i = 1;
for( ; ; )
{
    if( i > 100) break;
    s += i;
    i ++ ;
}
```

（2）for 语句中的逗号表达式

逗号表达式经常用在 for 循环结构中的 <表达式 1> 部分和 <表达式 3> 部分。<表达式 1> 部分的逗号表达式用于初始化多个变量，<表达式 3> 部分的逗号表达式用于多个变量的累加（或其他）运算。

例如，例 5-6 的程序可以修改为：

```
main( )
{
    int sum,i;
    for( i = 1, sum = 0; i <= 100; i ++ )
        sum += i;
    printf( " sum = % d\n" , sum) ;
}
```

也可以修改为：

```
main( )
{
    int sum,i;
    for( i = 1, sum = 0; i <= 100; sum += i, i ++ )
        ;                       //循环语句为空语句
    printf( " sum = % d\n" , sum) ;
}
```

5.5 break 语句和 continue 语句

有时，需要在循环体中强制跳出循环，或者在满足某种条件下，停止本次循环而立即从头开始新的一轮循环，这时就要用到 break 语句和 continue 语句。

5.5.1 break 语句

break 语句用在 switch 语句或循环语句中，其作用是跳出 switch 语句或跳出本层循环，转去执行后面的语句。

break 语句的一般形式为：

```
break;
```

【例 5-8】 输入一个整数 m，判断 m 是否为素数。

素数的算法：如果一个数 m 不能被 2 ~ $\sqrt{m}$之间的所有整数整除，那么 m 就是素数，也就是说，如果能被其中的任何一个整数整除，那么 m 就不是素数。

分析：

1）输入一个整数放入变量 m。

2）计算$\sqrt{m}$的值，然后，通过自变量 i 遍历 2 ~ $\sqrt{m}$，如果能被其中的任何一个数整除，退出循环，否则继续循环。

3）执行完循环结构后，通过自变量 i 的值，判断循环结构是强制退出，还是自动退出，如果循环结构自动退出，即 i 等于(int) $\sqrt{m}+1$，说明 m 不能被 2 ~ $\sqrt{m}$之间的数整除，没有被强制退出，因此 m 是素数；如果 i 的值小于(int) $\sqrt{m}+1$，则循环结构为强制退出，说明 m 被其中的某个数整除，因此 m 不是素数。

程序代码：

```
#include < stdio. h >
#include < math. h >
main( )
{
    int m,n,i;
    printf( " \n 请输入一个整数:" );
    scanf( " % d" ,&m) ;
    n = ( int) sqrt( m) ;           //sqrt 函数:求一个数的平方根,包含在 math. h 库中
    for( i = 2 ; i <= n ; i ++ )
        if( m% i == 0)
            break;
    if( i == n + 1)
        printf( " % d 是素数\n" ,m) ;
    else
        printf( " % d 不是素数\n" ,m) ;
}
```

思考：如果不通过 i 的值，还可通过什么方法判断一个数是否为素数?

5.5.2 continue 语句

continue 语句用于循环结构中，其作用是停止本次循环的执行，继续下一次循环的执行。

continue 语句的一般形式是：

```
continue;
```

注意：本语句只停止本次循环的执行，并不跳出循环。

【例 5-9】 输入 10 个整数，求 10 个数中所有偶数的和。

分析：

1）变量 x 存放所有偶数的和，初值为 0。

2）在循环中，输入一个整数到变量 a 中。

3）通过 a 对 2 求余数，判断 a 是否为奇数，如果为奇数，停止本次循环，继续下一次循环。

4）变量 x 累加 a。

程序代码：

```
#include < stdio. h >
main( )
{
    int x =0,a,i;
    printf( "\n 请输入 10 个整数:" );
    for( i =1;i <=10;i ++ )
    {
        scanf( "% d" ,&a);
        if( a%2! =0)
            continue;
        x += a;
    }
}
```

思考：如果不用 continue 语句，上述程序应该如何修改。

5.6 循环结构的嵌套

如果一个循环语句的循环体又是一个循环结构，称为循环的嵌套。在循环体内部嵌套的循环称为内循环。如果在内循环中还包含一个循环，称为多层循环。

在 C 语言中，while 语句、do - while 语句和 for 语句都可以互相嵌套。

注意：

1）在循环的嵌套结构中，内层循环必须包含在外层循环内部，不允许出现内层循环和外层循环的交叉。

2）在程序设计时，一般外层循环控制整体，而内层循环控制局部，比如在输出图形时，外层控制行，内层控制行中的每一列。

【例 5-10】 输出九九乘法口诀表。

分析：

1）在输出行列结构时，外循环一般控制行，内循环控制行中的每一列。乘法口诀共有 9 行，所以，外层循环变量 i 的范围为 1 ~9。

2）在九九乘法口诀中，把一个算式作为一个单元，可以得出，第 1 行有 1 列，第 2 行有 2 列，…，第 i 行有 i 列。所以，内循环的 j 的范围为 1 ~ i。

3）第 i 行第 j 列的算式结果为：j 的值 * i 的值 = i 的值 * j 的值，例如第 4 行第 3 列的算式为：3 * 4 = 12。

4）输出完一行后，输出换行符，继续下一行的输出。

程序代码：

```
#include < stdio. h >
main( )
{
```

```
    int i,j;
    for(i=1;i<=9;i++)
    {
        for(j=1;j<=i;j++)
            printf("%d*%d=%-4d",j,i,i*j);
        printf("\n");
    }
}
```

【例 5-11】输出 3 ~ 100 之间所有的素数。

分析：

1）通过循环变量 i 遍历 3 ~ 100 之间所有的数字。

2）判断 i 是否为素数，如果是素数，输出，否则继续判断下一个数字。

程序代码：

```
#include <stdio.h>
#include <math.h>
main()
{
    int m,n,j;
    for(m=3;m<=100;m++)
    {
        n=(int)sqrt(m);
        for(j=2;j<=n;j++)
            if(m%j==0)
                break;
        if(j==n+1)
            printf("%5d",m);
    }
}
```

5.7 精彩案例

本节主要介绍循环结构的一些精彩案例，具体包括猴子吃桃、整数质因子分解、电文加密和打印菱形 4 个案例。

5.7.1 猴子吃桃

【例 5-12】猴子吃桃问题：猴子第一天摘下若干个桃子，当即吃了一半，还不过瘾，又多吃了一个，第二天早上又将剩下的桃子吃掉一半，又多吃了一个。以后每天早上都吃前一天剩下的一半零一个。到第 10 天早上想再吃时，见只剩下一个桃子了。求第一天共摘了多少个桃子。

分析：

1）该问题适合用逆推方法，假定第 n + 1 天桃子的个数为 x，第 n 天桃子的个数为 y，则 y - (y/2 +1) = x，即 y = 2 * x + 2。

2）由于猴子吃桃的规律相同，所以可以使用迭代方法，即 x = 2 * x + 2，一共需要迭代 9 次。

程序代码：

```
#include <stdio.h>
main()
{
    int tao = 1,i;
    for(i = 1;i <= 9;i ++)
        tao = tao * 2 + 2;
    printf("\n 共有%d 个桃子\n",tao);
}
```

运行上面的程序，输出结果为：共有 1534 个桃子。

5.7.2 整数质因子分解

【例 5-13】 将一个正整数分解质因数。例如输入 90，打印出“90 = 2 * 3 * 3 * 5”。

分析：

对 n 进行分解质因数，应先找到一个最小的质数 i，然后按下述步骤完成。

1）如果这个质数恰等于 n，则说明分解质因数的过程已经结束，打印出即可。

2）如果 n! = i，但 n 能被 i 整除，则应打印出 i 的值，并用 n 除以 i 的商作为新的正整数 n，重复执行第一步。

3）如果 n 不能被 i 整除，则用 i + 1 作为 i 的值，重复执行步骤 1)。

程序代码：

```
#include <stdio.h>
main()
{
    int n,i;
    printf("\n 请输入一个整数:\n");
    scanf("%d",&n);
    printf("%d = ",n);
    for(i = 2;i < n;i ++)
        while(n! = i)
        {
            //如果 n 能被 i 整除,输出该因子,分解 n,继续判断新的 n 能否被 i 整除
            if(n%i ==0)
            {
```

```
            printf("%d*",i);
            n=n/i;
        }
        else
            break;
    }
    printf("%d\n",n);
}
```

5.7.3 电文加密

【例 5-14】电文加密问题。电文加密的规律为：将字母变成其后的第 4 个字母，其他字符保持不变。例如，A→E，B→F，W→A，X→B，Z→D，小写字母加密的规律相同。

分析：

1）利用 while 循环，让用户输入要加密的明文字符放入变量 ch，循环的条件为“ch!='\n'”，即用户按〈Enter〉键即停止循环。

2）判断 ch 是否为字母，如果是字母，将其 ASCII 码加 4，即变成其后的第 4 个字母，但是，ch+4 后可能会超出字母的范围，例如字母'W'，'X'，'Y'，'Z'和'w'，'x'，'y'，'z'，这些字母加 4 后的 ASCII 码和目标字符的 ASCII 码如下：

'W'+4 后 ASCII 码为 91，目标'A'的 ASCII 码为 65；

'X'+4 后 ASCII 码为 92，目标'B'的 ASCII 码为 66；

'Y'+4 后 ASCII 码为 93，目标'C'的 ASCII 码为 67；

'Z'+4 后 ASCII 码为 94，目标'D'的 ASCII 码为 68。

根据以上情况，可以得出如下规律：

ch+4 后超出的字符减去 26，即变成目标字母，小写字母也具有相同规律。

3）在 C 语言中，如果用户一次输入多个数据，多余的数据会自动转换为下一次的输入，因此，编写程序时可以按“输入一个字符，处理一个字符”的方法处理，实际的处理方法为：用户连续输入 n 个字符，程序连续处理并输出 n 个加密的字符。

程序代码：

```
#include <stdio.h>
main()
{
    charch;
    while((ch=getchar())!='\n')
    {
        if((ch>='a'&&ch<='z')||(ch>='A'&&ch<='Z'))  //判断 ch 是否为字母
        {
            ch+=4;
            if((ch>'Z'&&ch<='Z'+4)||(ch>'z'))        //ch+4 后,判断是否字母越界
```

```
            ch -= 26;
        }
        printf("%c",ch);
    }
}
```

上面程序运行时，输入：

```
I'm sorry!
```

输出的结果为：

```
M'q wsvvc!
```

思考：

1）在循环条件“(ch = getchar())! = '\n'”中，“ch = getchar()”可不可以不用括号括起来？

2）在判断 ch +4 后字母是否越界时，为什么大写字母越界的判定条件为“ch > 'Z'&&ch <= 'Z' +4”，而小写字母越界的判定条件仅为“ch > 'z'”？

5.7.4 打印菱形

【例 5-15】打印出如下图案（菱形）。

```
   *
  * * *
 * * * * *
* * * * * * *
 * * * * *
  * * *
   *
```

分析：

1）先把图形分成两部分来看待，前四行为一个规律，后三行为另一个规律。根据前面介绍的输出行列问题，外层 for 循环控制行，内层 for 循环控制列。

2）寻找前 4 行的规律。假设 * 号最多的第 4 行没有空格，那么行号、空格和星号的情况如下。

第 1 行 3 个空格，1 个星号；

第 2 行 2 个空格，3 个星号；

第 3 行 1 个空格，5 个星号；

第 4 行 0 个空格，7 个星号。

根据以上情况可以得出前 4 行的规律为：

第 i 行　4-i 个空格，2 * i - 1 个星号

3）寻找后 3 行的规律。后 3 行行号、空格和星号的情况如下。

第 1 行 1 个空格，5 个星号；

第 2 行 2 个空格，3 个星号；

第 3 行 3 个空格，1 个星号。

根据以上情况可以得出后 3 行的规律为：

第 i 行　i 个空格，2 * (4-i) -1 个星号。

程序代码：

```
#include < stdio. h >
main( )
{
    int i,j;
    //输出前 4 行图案
    for(i = 1;i <= 4;i ++ )                        //控制行
    {
        for(j = 1;j <= 4-i;j ++ )                  //输出 4-i 个空格
            printf(" ");
        for(j = 1;j <= 2 * i - 1;j ++ )            //输出 2 * i - 1 个星号
            printf(" * ");
        printf(" \n");                             //输出空格和星号后,换行
    }
    //输出后 3 行图案
    for(i = 1;i <= 3;i ++ )                        //控制行
    {
        for(j = 1;j <= i;j ++ )                    //输出 i 个空格
            printf(" ");
        for(j = 1;j <= 2 * (4-i) - 1;j ++ )        //输出 2 * (4-i) - 1 个星号
            printf(" * ");
        printf(" \n");                             //输出空格和星号后,换行
    }
}
```

思考：

1）如果需要将图案整体向右平移 5 个空格，应该如何修改上面的程序？

2）如果要根据用户输入菱形上三角的行数，实现输出菱形图案，即如果用户输入 4，则输出 7 行的菱形，如果输入 5，则输出 9 行的菱形，那么上面的程序应该如何修改？

本章小结

本章介绍了循环结构的 3 种结构、break 语句、continue 语句以及循环的嵌套。

C 语言的循环结构包括 while 语句、do - while 语句和 for 语句。前两种一般适用于循环的次数不明确的情况，而 for 循环一般适合于循环次数比较明确的循环。这 3 种循环结构可以互相转化，即 while 循环可以用 for 循环表示，for 循环也可以用 while 循环表示，while 循环和 do - while 循环只有在一开始条件就不成立时有区别，否则两者完全相同。

break 语句用于跳出本层循环，continue 语句用于停止本次循环，继续下一次循环。

如果循环结构里面又包含一个循环结构，则称之为循环的嵌套。3 种循环结构可以互相

嵌套，但不允许出现循环交叉的情况。在程序设计时，一般外层循环控制整体，而内层循环控制局部，比如在输出图形时，外层控制行，内层控制行中的每一列。

通过对本章的学习，读者应该掌握循环结构程序设计的思路和方法。

习题

一、选择题

1. 设有程序段：

```
int k = 10;
while(k = 0)
k = k - 1;
```

则下面描述中正确的是________。

A. while 循环 10 次　　B. 循环是无限循环

C. 循环体一次也不执行　　D. 循环体只执行一次

2. 语句“while(!E);”中的表达式“!E”等价于________。

A. E == 0　　B. E! = 1　　C. E! = 0　　D. E == 1

3. 下面程序段的运行结果是________。

```
int n = 0;
while(n ++ <= 2);printf("%d",n);
```

A. 2　　B. 3　　C. 4　　D. 有语法错误

4. 下面程序段的运行结果是________。

```
x = y = 0;
while(x < 15)
    y ++ ,x += ++ y;
printf("%d,%d",y,x);
```

A. 20，7　　B. 6，12　　C. 20，8　　D. 8，20

5. 下面程序的运行结果是________。

```
#include <stdio.h>
main()
{
    int y = 10;
    do
    {
        y --;
    }while(--y);
    printf("%d\n",y--);
}
```

A. -1　　B. 1　　C. 8　　D. 0

6. 执行语句 for(i=1;i++ <4;);后变量 i 的值是________。

A. 3　　B. 4　　C. 5　　D. 不定

7. 以下正确的描述是________。

A. continue 语句的作用是结束整个循环的执行。

B. 只能在循环体内和 switch 语句体内使用 break 语句。

C. 在循环体内使用 break 语句或 continue 语句的作用相同。

D. 从多层循环嵌套中退出时，只能使用 goto 语句。

8. 执行下面的程序后，a 的值为________。

```
main()
{
    int a,b;
    for (a=1,b=1;a<=100;a++)
    {
        if(b>=20)
            break;
        if(b%3==1)
        {
            b+=3;
            continue;
        }
        b-=5;
    }
}
```

A. 7　　B. 8　　C. 9　　D. 10

二、编程题

1. 输入两个正整数 m 和 n，求其最大公约数和最小公倍数。

2. 输入一行字符，分别统计出其中英文字母、空格、数字和其他字符的个数。

3. 求 1!+2!+3!+…+19!+20!。

4. 求 s=a+aa+aaa+aaaa+aa...a（n 个 a）的值，其中 a 是一个数字。例如 s=2+22+222+2222+22222（此时共有 5 个数相加），数字 a 和个数 n 由用户输入。

第 6 章　函数与宏替换

在设计比较复杂的程序时，一般采用自顶向下的方法：把问题分成若干个部分，每部分再逐步细化，直到分解成很容易求解的问题，即将复杂问题模块化。在 C 语言中，模块化编程是通过函数来实现的。本章主要介绍模块化的编程思想、函数、变量的作用域以及宏替换。

本章重点：

- 函数的定义和调用方法。
- 函数参数的传递。
- 递归函数的定义。
- 宏替换。

6.1　模块化设计

1. 模块化设计思想

在解决复杂问题时，通常采用自顶向下的方法，即逐步分解、分而治之，也就是把一个复杂问题分解成若干个比较容易求解的简单问题，然后分别求解。程序员在设计一个复杂的应用程序时，往往也是把整个程序划分为若干功能较为单一的程序模块，然后分别予以实现，最后把所有的程序模块像搭积木一样装配起来。这种在程序设计中分而治之的策略，被称为模块化程序设计方法，如图 6-1 所示。

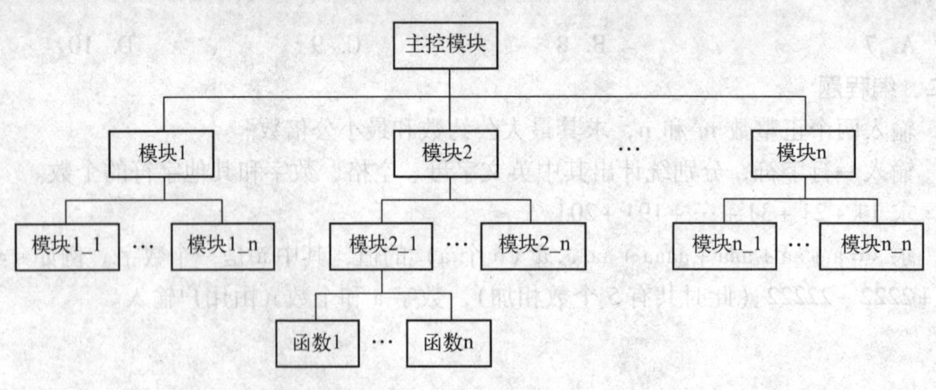

图 6-1　模块结构图

在 C 语言中，函数是程序的基本组成单位。利用函数，不仅可以实现程序的模块化，使得程序设计更加简单和直观，提高程序的易读性和可维护性，而且可以把程序中经常用到的一些计算或操作编写成通用函数，以供随时调用，这样可以实现代码的复用，减轻程序员的工作量。

2. 模块设计原则

把复杂的问题分解成若干个单独的模块后，复杂的问题就容易解决了。但是如果只是简单地分解任务，不注意对一些子任务进行归纳抽象，不注意模块之间的联系，就会使模块间的关系过于复杂，从而使程序难于调试和修改。一般来说，模块设计应该遵循以下两个主要原则。

（1）模块具有独立性

模块的独立性原则表现在模块完成独立的功能，与其他模块的联系尽可能地简单，各个模块可以独立地调试、修改。要做到模块的独立性，要注意以下几点。

- 功能单一。每个模块完成一个独立的功能。在对任务分解时，如果有一些相似的子任务，可以把它们综合起来考虑，找出它们的共性，把它们做成一个完成特定任务的单独模块。
- 模块间的联系力求简单。模块之间的联系要力求简单，模块间的调用尽量只通过简单的模块接口来实现，不要发生其他的数据或控制联系。
- 数据局部化。模块内部的数据也要具有独立性，尽量减少全局变量在模块中的使用，以避免造成数据访问的混乱。

（2）模块的规模要适当

模块的规模不能太大，但也不能太小。模块的功能复杂，可读性就不好。模块太小，就会加大模块间的联系，从而造成模块的独立性较差。读者需要通过以后的程序设计实践不断积累经验来掌握模块的设计方法。

6.2 函数的定义与调用

在C语言中，函数是程序的基本组成单位。从用户使用函数的角度来看，函数有两种：标准库函数和用户自定义函数。本节主要介绍自定义函数的定义和调用方法。

6.2.1 函数的定义

C语言中不仅允许调用标准库函数，而且允许用户自己定义函数。自定义函数的一般形式是：

```
类型说明符  函数名称 （形式参数类型及说明列表）
{
    //以下为函数体
    局部变量声明部分
    语句序列
}
```

例如：

```
int max(int n1,int n2)
{
    int t;
```

```
        if(n1 > n2)
            t = n1;
        else
            t = n2;
        return t;
    }
```

此函数的返回值类型为 int，函数的名称为 max，有两个形式参数 n1 和 n2，它们的类型都为 int，函数的功能为求 n1 和 n2 的最大值，并将结果放入局部变量 t，最后通过 return 语句将 t 的值返回给调用者。整个函数分为两部分：函数声明部分和函数体。

1. 函数的声明部分

(1) 类型说明符

类型说明符定义了函数中 return 语句返回值的类型，该返回值可以是任何有效类型(int、long、char、float、double 等)。如果省略类型说明符，函数默认返回一个整型值。如果函数没有返回值，可以定义为 void。

(2) 函数名称

函数的名称要遵循 C 语言标识符的命名规则。函数的名称建议做到“见名知意”，比如求最大值函数的名称定义为 max，求 1 ~ n 的和的函数名称定义为 sum。

(3) 形式参数类型及说明列表

形式参数类型及说明列表是一个用逗号分隔的形式参数列表，每个列表项均由“类型说明符”和“形式参数名称”两部分组成，如上例中的“int max (int n1, int n2)”。一个函数可以没有参数，这时形式参数类型及说明列表是空的。

注意：函数可以没有参数，但函数名称后的括号是必需的。

2. 函数体

自定义函数和 main 函数一样，必须将变量声明语句和其他语句序列用 {} 括起来。如果函数有返回值，需要通过 return 语句返回。return 语句的一般形式为：

```
return(表达式);
```

或者

```
return 表达式;
```

return 语句有两个重要作用：第一，返回一个值；第二，退出当前函数，也就是使程序的执行返回到调用语句处继续进行。

注意：return 语句中的“表达式”类型应该与函数声明部分的返回类型保持一致。如果函数类型与表达式类型不一致，将以函数类型为准。

例如，下面的程序定义了一个求 n 的阶乘的函数：

```
long fact(int n)
{
    int i;
```

```
    long t = 1;
    for(i = 1;i <= n;i ++ )
        t * = i;
    return t;
}
```

注意：在 C 语言中，所有的函数都是并列关系，因此，不能在一个函数内部定义另外一个函数。

6.2.2 函数的调用

一个 C 程序由一个 main 函数和多个其他函数组成。main 函数调用其他函数，其他函数也可以互相调用。C 语言函数在调用时遵循先定义后引用的原则。如果被调用函数定义在主调函数之前，主调函数可以直接调用；如果被调用函数定义在主调函数之后，则需要在主调函数中声明被调用函数。

例如：

```
int max(int n1,int n2)
{
    …
}
main()
{
    …
    c = max(a,b);
    …
}
```

在上例中，由于在 main 函数中调用了 max 函数，而 max 函数定义在 main 函数之前，所以在 main 函数中不需要声明 max 函数；如果把 max 函数定义放在 main 函数的后面，那么就需要在 main 函数中声明 max 函数。

1. 函数的声明

函数声明语句应该位于函数的声明部分，即不能在其他语句后面声明函数。函数声明的一般形式为：

```
类型名  函数名称(形式参数类型列表);
```

函数声明语句后面需加分号。在声明函数时，函数的参数名称可以省略，但参数类型不能省略，且参数类型的个数、类型、次序必须保持一致。例如：

```
main()
{
    int max(int,int);              //声明 max 函数,也可改为 int max(int n1,int n2);
    …
```

```
        c = max(a,b);
        …
    }
    int max(int n1,int n2)
    {
        …
    }
```

2. 函数的调用

函数可以按参数的有无分为两种：有参函数和无参函数，函数的调用相应地也分为两种：有参函数调用和无参函数调用。

无参函数调用的一般形式为：

```
    函数名();
```

例如：

```
    void printstar()
    {
        printf("\n **************** \n");
    }
    main()
    {
        printstar();
        printf("\n      welcome\n");
        printstar();
    }
```

有参函数调用的一般形式为：

```
    函数名(实参表达式1,实参表达式2,…)
```

例如：

```
    c = max(a,b);
    printf("%d",c);
```

根据调用方式的不同，函数的调用分为函数语句调用和表达式调用。例如，上面的 main 函数中调用的“printstart();”即为函数语句调用；“c = max(a,b);”即为表达式调用，上例也可写为“printf("%d",max(a,b));”。因此，在 C 语言中，函数调用相当灵活。

3. 函数的嵌套调用

在 C 语言中，允许在定义一个函数时调用另外一个函数，则在该函数被调用的过程中将发生另一次函数调用。这种调用现象称为函数的嵌套调用，如图 6-2 所示。

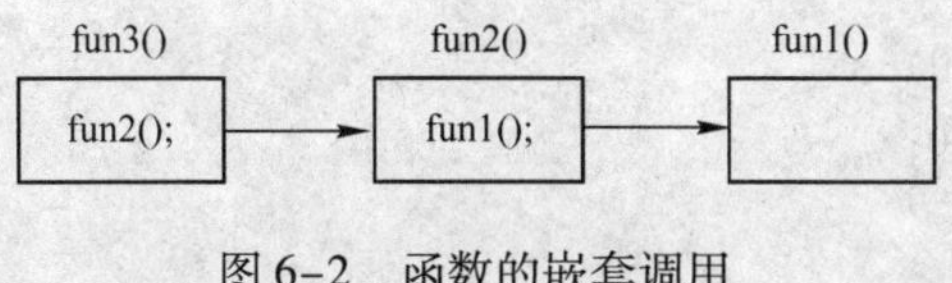

图 6-2　函数的嵌套调用

例如：

```
int fun1( )                    //定义 fun1
{
    …
}
int fun2( )                    //定义 fun2
{
    …
    fun1( );                   //fun2 中调用 fun1
}
int fun3( )                    //定义 fun3
{
    …
    fun2( );                   //fun3 中调用 fun2
}
```

注意：在 C 语言中，允许函数的嵌套调用，但不允许函数的嵌套定义，同时，在函数嵌套调用时不能出现循环嵌套调用，即不能出现 fun3 调用 fun2，fun2 调用 fun1，fun1 又调用 fun3 的情况。

【例 6-1】 验证哥德巴赫猜想。猜想内容：任何一个大于 4 的偶数，都可以表示为两个素数的和。

分析：

1）输入一个大于 4 的偶数 n。

2）利用穷举法测试 i（范围为 3 ~ n/2）和 n - i 是否为素数，如果都是素数，输出这个式子。

3）由步骤 2）的分析可以看出，程序需要测试 i 和 n - i 是否为素数，因此可以编写一个判断素数的函数，返回值为 1 表示是素数，返回值为 0 表示不是素数。

程序代码：

```
#include "stdio.h"
#include "math.h"
intisprime(int n)
{
    int i,m;
    m = (int)sqrt(n);
    for(i = 2;i <= m;i ++)
```

```
            if(n%i==0)
                return 0;
            return 1;
    }
    main()
    {
        int i,n;
        printf("\n请输入一个大于4的偶数:");
        scanf("%d",&n);
        for(i=3;i<n/2;i++)
            if(isprime(i)==1&&isprime(n-i)==1)
                printf("%d=%d+%d\n",n,i,n-i);
    }
```

运行上面的程序，输入20，输出结果为：

```
20=3+17
20=7+13
```

在上面的例子中，判断素数时，如果n%i==0，那么n肯定不是素数，因此返回0，在函数的最后"return 1;"语句前为什么没加任何判断呢？因为如果n不是素数早就执行"return 0;"了，即退出函数了，只有n是素数才会执行到"return 1;"这条语句。

6.2.3 参数的传递

1. 形参和实参的概念

函数定义时使用的参数称之为形式参数，简称形参，它们同函数内部的局部变量作用相同。函数调用时使用的参数，称之为实际参数，简称实参。

注意：在函数调用时，实参的个数要和形参相等，而且类型必须一致。另外，实参与形参出现的次序也要一一对应。

【例6-2】 输入两个数，输出两个数中的最大值。

分析：

1）定义一个求两个数最大值的函数max。

2）在main函数中输入两个数到变量a，b中。

3）调用max函数，将最大值放到变量m中，输出变量m的值。

程序代码：

```
#include "stdio.h"
main()
{
    int a,b,m;
    int max(int,int);//声明max函数
```

```
    printf("\n 请输入两个整数:");
    scanf("%d,%d",&a,&b);
    m = max(a,b);//调用 max 函数
    printf("最大值为:%d\n",m);
}
int max(int x,int y)
{
    int t;
    t = x > y? x:y;
    return t;
}
```

运行上面的程序，输入 15，20，输出的结果为：

```
最大值为:20
```

当调用 max 函数时，实参 a 把值传给形参 x，实参 b 把值传给形参 y。实参 a 和形参 x，实参 b 和形参 y 之间的值传递如图 6-3 所示。

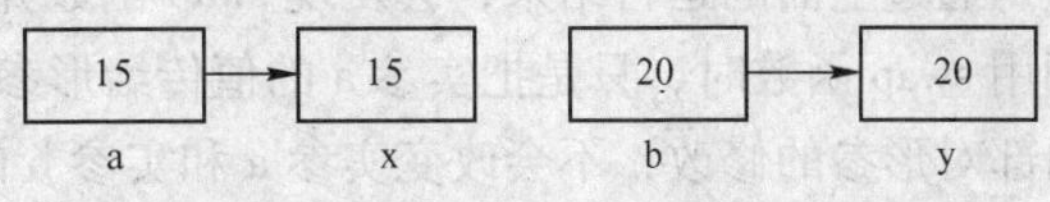

图 6-3　实参与形参之间的值传递

2. 形参和实参的特点

函数的形参和实参具有以下特点。

1）形参变量只有在被调用时才分配内存单元，在调用结束时，即刻释放所分配的内存单元。因此，形参只有在函数内部有效，且形参在函数内部相当于一个已知量。函数调用结束返回主调函数后即不能再使用该形参变量。

2）实参可以是常量、变量、表达式、函数等，在进行函数调用时，它们必须具有确定的值，以便把这些值传送给形参。因此，应预先用赋值、输入等方法使实参获得确定值。

3）实参和形参在数量上、类型上、顺序上应严格一致，否则会产生类型不匹配的错误。同时，实参和形参具有一一对应的关系。

4）函数调用中发生的数据传送是单向的。即只能把实参的值传送给形参，而不能把形参的值反向地传送给实参。因此在函数调用过程中，无论形参的值怎么改变，实参中的值都不会变化。

【例 6-3】定义一个函数实现将两个数交换的功能。

```
#include "stdio.h"
void swap(int x,int y)
{
    int t;
    t = x;
    x = y;
    y = t;
}
```

```
main()
{
    int a,b;
    printf("\n 请输入两个整数:");
    scanf("%d,%d",&a,&b);
    printf("\n 交换前:a = %d,b = %d\n",a,b);
    swap(a,b);
    printf("\n 交换后:a = %d,b = %d\n",a,b);
}
```

运行上面的程序，输入 15，20，输出的结果为：

```
交换前:a = 15,b = 20
交换后:a = 15,b = 20
```

通过上面的运行结果，会发现 swap 函数并没有达到交换两个实参值的目的，这是因为，调用 swap 函数时，只是把实参 a 的值传给形参 x，把实参 b 的值传给形参 y，而在函数 swap 内部对形参的修改，不会改变实参 a 和实参 b 的值。

6.3 函数的递归调用

函数在执行过程中对自身的调用称为函数的递归调用。如果函数内部的语句调用了函数自身，则称直接递归。某函数调用其他函数，而其他函数又调用了本函数，则称为间接递归。

下面的情况是直接递归：

```
void fun1()
{
    …
    fun1();                    //调用 fun1 函数自身
    …
}
```

下面的情况是间接递归：

```
void fun1()
{
    …
    fun2();                    //调用 fun2 函数
    …
}
void fun2()
```

```
{
    ...
    fun1();                    //调用 fun1 函数,构成递归调用
    ...
}
```

递归在解决某些问题时是十分有用的方法，它能够使很复杂的问题得以解决，使得程序更加简洁精炼，也更能体现问题的规律性。

在使用递归方法解决问题时，需要分成两个步骤。

1）递归的边界条件。也就是描述问题的最简单情况，它本身不需要递归的定义，只需给出程序中止递归的条件及中止递归时的返回值。

2）寻找解决问题的规律。将问题转换为更简单的相同问题，然后向着递归边界条件的方向递归。

例如，如果需要计算 n!，此时，可以将 n! 按下面过程分解。

1）n! = n * (n - 1)!。也就是说，只要知道(n - 1)!，就能计算出 n!。

2）(n - 1)! = (n - 1) * (n - 2)!。

…

n）1! = 1 * 0!。

n + 1）0! = 1。已知 0! = 1，故可以回推出 n!。

【例 6-4】 利用递归的方法计算 n!。

分析：

根据上面的分析，只要在函数中定义 0! = 1，然后不断让函数递归即可。

程序代码：

```
#include "stdio.h"
long fact(int n)
{
    if(n==0)
        return 1;
    else
        return n * fact(n-1);
}
main()
{
    int a;
    long b;
    printf("\n 请输入一个整数:");
    scanf("%d",&a);
    b = fact(a);
    printf("%d! = %ld\n",a,b);
}
```

运行上面的程序，输入 3，输出结果为：

```
3! =6
```

本例函数的递归过程如图 6-4 所示。

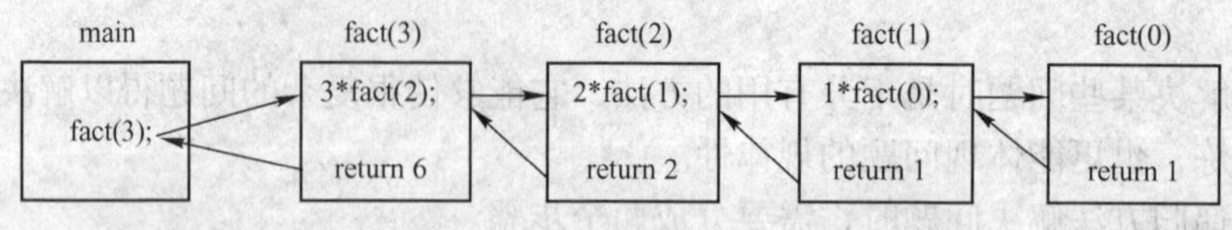

图 6-4　计算 3！的递归过程

在使用递归方法解决问题时，要注意以下几个问题。

1）限制条件。在设计一个递归函数时，至少测试一个可以终止此递归的条件（如上例中的 0！=1），并且还必须对在合理的递归调用次数内未满足此类条件的情况进行处理。如果没有一个在正常情况下可以满足的条件，则将陷入执行无限循环的高度危险之中。

2）效率。几乎在任何情况下都可以用循环替代递归。循环不会产生传递变量、初始化附加存储空间和返回值所需的开销，因此使用循环相对于使用递归调用可以大幅提高性能。

3）间接递归。如果两个过程相互调用，可能会使性能变差，甚至产生无限循环。此类设计所产生的问题与直接递归过程所产生的问题相同，但更难检测和调试。

4）测试。在编写递归过程时，应非常细心地进行测试，以确保它总是能满足某些限制条件。还应该确保不会因为过多的递归调用而耗尽内存。

【例 6-5】有 5 个人坐在一起，问第 5 个人多少岁，他说比第 4 个人大 2 岁；依次类推，每个人都比他前一个人大 2 岁，最后问第 1 个人多少岁，他说是 30 岁，请问第 5 个人多少岁？

分析：

1）递归的边界条件。本例中将参数 n 作为第 n 个人，则本例的递归边界条件为，当 n =1 时，返回 30。

2）寻找问题的规律。第 n 个人的年龄和第 n－1 个人的年龄之间的关系为：第 n 个人的年龄 = 第 n－1 个人的年龄 +2。

程序代码：

```
#include "stdio. h"
int age(int n)
{
    if(n==1)
        return 30;
    else
        return 2 + age(n-1);
```

```
}
main()
{
    int a;
    a = age(5);
    printf("年龄为:%d\n",a);
}
```

运行上面的程序，输出结果为：

```
年龄为:38
```

【例 6-6】利用递归方法计算猴子吃桃的问题。有一天小猴子摘若干个桃子，当即吃了一半还觉得不过瘾，又多吃了一个。第二天接着吃剩下桃子中的一半，仍觉得不过瘾，又多吃了一个，以后小猴子都是吃尚存桃子一半多一个。到第 10 天早上小猴子再去吃桃子的时候，看到只剩下一个桃子。问小猴子第一天共摘下了多少个桃子？

分析：

1）递归的边界条件。本问题为求第 1 天桃子的个数，已知第 10 天的桃子个数为 1，所以，可以将 n = 10 时，返回 1 作为边界条件。

2）寻找规律。由于本问题是求第 1 天桃子的个数，所以需要知道第 n 天和第 n + 1 天桃子的个数，即需要向 n = 10 的方向递归。根据已知条件可知，第 n 天桃子的个数等于第 n + 1 天桃子个数的 2 倍加 2。

程序代码：

```
#include "stdio.h"
int peach(int n)
{
    if(n == 10)
        return 1;
    else
        return 2 + 2 * peach(n + 1);
}
main()
{
    int a;
    a = peach(1);
    printf("桃子总数为:%d\n",a);
}
```

运行上面的程序，输出结果为：

```
桃子总数为:1534
```

6.4 变量的作用域和存储类型

C 语言中的变量是有有效范围的，这个有效范围就称之为变量的作用域；同时 C 语言的变量还存在动态、静态等存储类型，本节主要介绍局部变量、全局变量、自动变量和静态变量 4 部分内容。

6.4.1 变量的作用域

所谓变量的作用域是指变量在程序代码中的有效范围。通常，变量的作用域都是通过它在程序中的位置隐式说明的。在讨论函数的形参变量时曾经提到，形参变量只在被调用期间才分配内存单元，调用结束立即释放。这一点表明形参变量只有在函数内才是有效的，离开该函数就不能再使用了。不仅对于形参变量，C 语言中所有的量都有自己的作用域。变量说明的方式不同，其作用域也不同。C 语言中的变量，按作用域范围可分为局部变量和全局变量。

1. 局部变量

局部变量也称为内部变量。在函数内部定义说明的变量就是局部变量。其作用域仅限于函数内部，离开该函数后就不能再使用这种变量了。前面各个例子中的变量以及函数的形式参数都是局部变量，它们都是声明在函数内部，不能被其他函数的代码所访问。例如：

```
#include "stdio.h"
void fun(int m,int n)
{
    int a,b;
    a = m * n;
    b = m/n;
    printf("fun(a) = %d,fun(b) = %d\n",a,b);
}
main()
{
    int a,b;
    a = 8;
    b = 4;
    fun(a,b);
    printf("main(a) = %d,main(b) = %d\n",a,b);
}
```

运行上面的程序，输出结果为：

```
fun(a) = 32,fun(b) = 2
main(a) = 8,main(b) = 4
```

上面的例子中，main 函数中的变量 a、b 和 fun 函数中的变量 a、b 都是局部变量，只在本身函数里可见，它们是不相同的。也就是说，在两个函数出现同名的变量不会互相干扰。

关于局部变量，需要注意以下几点。

1）主函数中定义的变量也只能在主函数中使用，不能在其他函数中使用。同时，主函数中也不能使用其他函数中定义的变量。因为主函数也是一个函数，它与其他函数是并列关系。

2）形参变量是属于被调函数的局部变量，实参变量是属于主调函数的局部变量。

3）允许在不同的函数中使用相同的变量名，它们代表不同的对象，分配不同的单元，互不干扰。

2. 全局变量

全局变量也称为外部变量，它是在函数外部定义的变量，也就是在程序的开头声明。其作用域是整个源程序。在函数中使用全局变量，一般应作全局变量说明。全局变量的说明符为 extern。但在一个函数之前定义的全局变量，在该函数内使用可不再加以说明。

全局变量定义必须在所有的函数之外，且只能定义一次。其一般形式为：

```
[extern] 类型说明符 变量名,变量名,…;
```

其中方括号内的 extern 可以省去不写。

例如：

```
int a,b;
```

等效于：

```
extern int a,b;
```

而全局变量说明出现在要使用该全局变量的各个函数内，在整个程序内可能出现多次。全局变量说明的一般形式为：

```
extern 类型说明符 变量名,变量名,…;
```

例如：

```
#include "stdio.h"
int a,b;//全局变量定义语句
void fun(int m,int n)
{
    //全局变量说明语句,表示本函数内要使用全局变量,此处可省略
    extern int a,b;
    a = m * n;
    b = m/n;
    printf("fun(a) = %d,fun(b) = %d\n",a,b);
}
main()
```

```
{
    a = 8;
    b = 4;
    fun(a,b);
    printf("main(a) = %d,main(b) = %d\n",a,b);
}
```

运行上面的程序，输出结果为：

```
fun(a) = 32,fun(b) = 2
main(a) = 32,main(b) = 2
```

上面的 main 函数和 fun 函数里面，并没有声明变量 a、b，但是在计算和输出的时候却使用到了变量 a、b，这是因为在程序的开始声明的变量 a、b 是全局变量，也就是说，在所有函数里都可以使用变量 a、b。这时候，一个函数里改变了变量的值，其他函数里的值也会发生改变。因此，上例中的 main 函数和 fun 函数的输出相同。

对于全局变量，需要注意以下几点。

1）全局变量在定义时就已分配了内存单元，全局变量定义可作初始赋值，全局变量说明不能再赋初始值，只是表明在函数内要使用某全局变量。

例如：

```
int a = 8,b = 4;//定义全局变量 a 和 b,可以赋初值
fun(int m,int n)
{
    extern int a = 8,b = 4;//全局变量说明,此处错误
    …
}
```

在上面的代码中，“int a = 8，b = 4;”定义了全局变量，可以赋初值，而在 fun 函数内部的“extern int a = 8，b = 4;”语句为全局变量说明，即说明在 fun 函数中要使用全局变量 a、b，在说明全局变量时，是不能赋初值的，因此该语句有错，应该改为“extern int a，b;”。

2）全局变量可加强函数模块之间的数据联系，但同时也降低了函数的独立性。从模块化程序设计的观点来看，这是不利的，因此应尽量不用或少用全局变量。

3）在同一源文件中，允许全局变量和局部变量同名。在局部变量的作用域内，全局变量不起作用。

例如：

```
#include "stdio.h"
int a = 8,b = 4;                        //定义全局变量 a,b
void fun()
{
```

```
    int a,b;                    //定义局部变量 a,b
    a = 10;
    b = 5;
    printf("fun:a + b = %d\n",a + b);
}
main()
{
    fun();
    printf("main:a + b = %d\n",a + b);
}
```

上例的输出结果为：

```
fun:a + b = 15
main:a + b = 12;
```

在上面的程序中，由于 fun 函数中也定义了变量 a、b，和全局变量 a、b 冲突，在 fun 函数内部使用的变量 a、b 即为局部变量 a、b，而不是全局变量 a、b，因此，fun 函数的输出结果为 15；而在 main 函数中由于没有定义局部变量 a、b，因此 main 函数中使用的变量 a、b 为全局变量，因此，main 函数中输出的值为 12。

6.4.2 变量的存储类型

变量的存储方式可分为静态存储和动态存储两种。

静态存储变量通常是在变量定义时就分配存储单元并一直保持不变，直至整个程序结束。前面介绍的全局变量即属于此类存储方式。

动态存储变量是在程序执行过程中使用它时才分配存储单元，使用完毕立即释放。典型的例子是函数的形式参数，在函数定义时并不给形参分配存储单元，只是在函数被调用时才予以分配，调用函数完毕立即释放。如果一个函数被多次调用，则反复地分配、释放形参变量的存储单元。

从以上分析可知，静态存储变量是一直存在的，而动态存储变量则时而存在时而消失。这种由于变量存储方式不同而产生的特性被称为变量的生存期。生存期表示了变量存在的时间。生存期和作用域是从时间和空间这两个不同的角度来描述变量的特性，这两者既有联系，又有区别。

在 C 语言中，变量可按存储类型不同分为四种：自动（auto）变量、静态（static）变量、外部（extern）变量和寄存器（regiser）变量。自动变量和寄存器变量属于动态存储方式，外部变量和静态变量属于静态存储方式。

1. 自动变量

自动变量是 C 语言程序中使用最广泛的一种变量。自动变量定义的一般形式为：

```
[auto] 类型标识符 变量列表
```

其中，auto 可以省略，也就是说，函数内只要未加存储类型说明的变量均为自动变量。例如：

```
main
{
    int i,j;
    char c;
    …
}
```

等价于：

```
main
{
    auto int i,j;
    auto char c;
    …
}
```

自动变量具有以下特点。

1）自动变量的作用域仅限于定义该变量的结构内。在函数中定义的自动变量，只在该函数内有效。在复合语句中定义的自动变量只在该复合语句中有效。

```
int kv(int a)
{
    auto int x,y;
    {
        auto char c;
    }                           //c 的作用域
    …
}                               // a,x,y 的作用域
```

2）自动变量属于动态存储方式，只有在定义该变量的函数被调用时才给它分配存储单元，开始它的生存期。函数调用结束，释放存储单元，结束生存期。因此函数调用结束之后，自动变量的值不能保留。在复合语句中定义的自动变量，在退出复合语句后也不能再使用，否则将引起错误。例如：

```
#include "stdio. h"
int add()
{
    auto int a,b;
    a=10;
    b=5;
    return a+b;
```

```
}
main()
{
    int c;
    c = add();
    printf("a = %d,b = %d\n",a,b);
    printf("c = %d\n",c);
}
```

在上例中，在 add 函数内定义了自动变量 a、b，它们只能用在 add 函数内，在 main 函数内不能使用这两个变量，而上例在 main 函数中使用 add 函数内的自动变量 a、b，因此，运行程序时会出现“undeclared identifier”错误。

```
main()
{
    auto int a;
    printf("\ninput a number:\n");
    scanf("%d",&a);
    if(a>0){
        auto int s,p;
        s = a + a;
        p = a * a;
    }
    printf("s = %d p = %d\n",s,p);
```

s、p 是在复合语句内定义的自动变量，只能在该复合语句内有效。而程序的最后一条语句却在退出复合语句之后用 printf 语句输出 s、p 的值，这同样会引起“undeclared identifier”错误。

3）由于自动变量的作用域和生存期都局限于定义它的结构内，因此不同的结构中允许使用同名的变量而不会混淆。即使是在函数内定义的自动变量，也可与该函数内部的复合语句中定义的自动变量同名。

【例 6-7】同名自动变量的使用。

```
main()
{
    auto int a,x = 100,y = 100;
    printf("\nPlease input a number: ");
    scanf("%d",&a);
    if(a>0)
    {
        auto int x,y;
        x = a + a;
```

```
        y = a * a;
        printf("x = %d,y = %d\n",x,y);
    }
    printf("x = %d,y = %d\n",x,y);
}
```

运行上面程序，输入 5，输出结果如下：

```
x = 10,y = 25
x = 100,y = 100
```

在上例中，在 main 函数和复合语句内分别定义了变量 x、y 且都定义为自动变量。在复合语句内定义的 x、y 只在复合语句内起作用，故 x 的值应为 a + a，y 的值为 a * a。退出复合语句后的 x、y 应为 main 所定义的 x、y，其值在初始化时给定，均为 100。从输出结果可以分析出，两个 x 和两个 y 虽变量名相同，却是两个不同的变量。

2. 静态变量

在编译时分配存储空间的变量称为静态存储变量。静态变量定义的一般形式为：

```
static 类型标识符 变量列表
```

例如：

```
static int a;
```

在 C 语言中，静态变量分为静态局部变量和静态全局变量。

（1）静态局部变量

静态局部变量的作用域仅局限于声明它的语句块中，但是在程序执行期间，变量将始终保持它的值。而且，静态局部变量的初始化语句只在语句块第一次执行时起作用。在随后的运行过程中，变量将保持上一次执行时的值。

【例 6-8】静态局部变量的使用。

```
#include <stdio.h>
int add()
{
    static int a = 10;//定义静态局部变量,并赋初值
    a += 10;
    return a;
}
main()
{
    int i;
    for(i = 1;i <= 5;i ++)
        printf("%d. add = %d\n",i,add());
}
```

运行上面的程序，输出的结果为：

```
1. add = 20
2. add = 30
3. add = 40
4. add = 50
5. add = 60
```

在上面的程序中，由于 add 函数内的变量 a 被定义为静态局部变量，因此赋初值语句仅在第一次运行时赋值。第 1 次运行时，静态局部变量 a 的值为 20；第 2 次运行时，a 将在上一次值的基础上继续执行“a += 10;”语句，因此，第 2 次运行后变量 a 的值变为 30；以此类推，a 的值依次为 40、50、60。

思考：在上例中，如果将 add 函数内的静态局部变量转换为动态局部变量，即去掉static 关键字，程序的输出结果会是什么呢？

（2）静态全局变量

静态全局变量也具有全局作用域，它与全局变量的区别在于：如果程序包含多个文件，静态全局变量只能作用于定义它的文件里，不能在其他文件里引用该变量；而全局变量可以在其他文件里被引用。也就是说，被 static 关键字修饰过的全局变量具有文件作用域。这样即使两个不同的源文件都定义了相同名字的静态全局变量，它们也是不同的变量。

6.5 宏替换和文件包含

C 程序的源代码中可包括各种编译指令，这些指令称为预处理命令。预处理是 C 语言的一个重要功能，它由预处理程序负责完成。

C 语言中提供了多种预处理功能，如宏替换、文件包含、条件编译等。合理地使用预处理功能编写的程序便于阅读、修改、移植和调试，也有利于模块化程序设计。本节只介绍宏替换和文件包含预处理功能。

6.5.1 宏替换

宏替换的功能是用一个标识符来表示一个字符串，标识符称为宏名。在编译预处理时，程序中所有出现的宏名，都用宏替换中的字符串去代换。

宏替换是由源程序中的宏替换命令完成的。在 C 语言中，宏分为无参宏和有参宏两种。下面分别讨论这两种宏的定义和调用。

1. 无参宏

不带参数的宏称为无参宏。在前面介绍过的符号常量的定义就是一种无参宏替换。此外，程序中反复使用的表达式也可以使用宏替换。无参宏替换的一般形式为：

```
#define <标识符> <字符串>
```

其中，#表示这是一条预处理命令，在 C 语言中，凡是以#开头的均为预处理命令；define为宏替换命令；<标识符>为宏名，一般用大写字符；<字符串>可以是常数、表达式、格式串等。

例如“# define EX (x * y + z)”，定义 EX 替换表达式(x * y + z)。在编写源程序时，所有的(x * y + z)都可由 EX 代替，而编译源程序时，将先由预处理程序进行宏替换，即用(x * y + z)表达式去置换所有的宏名 EX，然后进行编译。

```
#define EX (x*y+z)
main()
{
    int x,y,z,r;
    printf("\n 请输入 x,y,z: ");
    scanf("%d,%d,%d",&x,&y,&z);
    r=3*EX+EX/x;
    printf("r=%d\n",r);
}
```

在上面的程序中，首先进行宏替换，定义 EX 替换表达式（x * y + z），在 r = 3 * EX + EX/x 中执行了宏调用。在预处理时经宏替换后，该语句变为：r = 3 * (x * y + z) + (x * y + z)/x。

注意：在宏替换时，只是简单地将宏名代换为相应的表达式，因此，在宏替换中表达式(x * y + z) 两边的括号不能少。

上例中，若将宏替换语句“#define EX (x * y + z)”改为“#define EX x * y + z”，则语句“r = 3 * EX + EX/x”在宏替换后将变为“3 * x * y + z + x * y + z/x”，和原来语句的含义不一样了。

在使用宏替换时，应注意以下几点。

1）宏替换是用宏名来表示一个字符串，在宏替换时又以该字符串简单地替换宏名，字符串中可以包含任何字符，可以是常数，也可以是表达式，预处理程序对它不作任何检查。如有错误，只有在编译宏替换后的源程序时才能被发现。

2）宏替换不是说明或语句，在行尾不能加分号，如加上分号，分号也被当作字符串的一部分一起替换。

3）宏替换必须写在函数之外，其作用域为从宏替换命令起到源程序结束。

4）源程序中双引号引起来的字符串常量中，若出现宏名，则预处理程序不对其做宏替换。例如：

```
#define PI 3.14
main()
{
    printf("PI");
    printf("\n");
}
```

上例中定义宏名 PI 表示 3.14，但在 printf 语句中 PI 被引号引起来，因此不做宏替换。程序的运行结果为：PI。

5）宏替换允许嵌套，在宏替换的字符串中可以使用已经定义的宏名。在宏替换时由预处理程序层层代换。

例如：

```
#define PI 3.1415926
#define L 2 * PI * r // PI 是已定义的宏名
printf("L = %f\n",L)
```

对于“printf("L = %f\n",L);”进行宏替换时，变为“printf("L = %f\n",2 * 3.1415926 * r);”。

6）习惯上，宏名用大写字母表示，以便于与变量区别。但也允许用小写字母。

2. 有参宏

带有参数的宏，称为有参宏。在宏替换中的参数称为形式参数，简称形参，在宏调用中的参数称为实际参数，简称实参。对带参数的宏，在调用中不仅要宏替换，而且要用实参去代换形参。

有参宏替换的一般形式为：

```
#define 宏名(形参表) 字符串
```

其中，在字符串中含有各个形参。

有参宏调用的一般形式为：

```
宏名(实参表);
```

例如：

```
#define F2C(f)   (f-32)*5/9          //宏替换
c = F2C(100);                         //宏调用
```

在宏调用时，用实参 100 去代替形参 f，经预处理宏替换后，语句变为：

```
c = (100-32)*5/9;
```

例如：

```
#define MAX(a,b) (a>b)? a:b         //有参宏替换
main()
{
    int x,y,max;
    printf("\n 请输入 x,y: ");
    scanf("%d,%d",&x,&y);
    max = MAX(x,y);                  //宏调用,用实参 x、y 替换“(a>b)? a:b”中的 a 和 b
    printf("最大值为:%d\n",max);
}
```

在上面的程序中，用宏名 MAX 表示条件表达式“(a>b)? a:b”，形参 a、b 均出现在条件表达式中。在程序中，通过“max = MAX(x,y);”语句进行宏调用，实参 x、y 将代换形参 a、b。宏替换后，该语句为“max = (x>y)? x:y;”，用于计算 x、y 中的最大值。

使用有参宏时，应注意以下几个问题。

1）有参宏替换中，宏名和形参表之间不能有空格。

例如，“#define MAX (a,b)(a>b)? a:b”将被认为是无参宏替换，宏名 MAX 代表字符串(a,b)(a>b)? a:b。

2）在有参宏替换中，形参不分配内存单元，因此不必做类型定义。而宏调用中的实参有具体的值，要用它们去代换形参，因此必须做类型说明。这与函数中的情况是不同的。在函数中，形参和实参是两个不同的量，各有自己的作用域，调用时要把实参值赋予形参，进行“值传递”。而在有参宏中，只是符号代换，不存在值传递的问题。

3）在宏替换中的形参是标识符，而宏调用中的实参可以是表达式。

例如：

```
#define PI 3.1415926                //无参宏替换
#define S(a) PI*(a)*(a)             //有参宏替换
main()
{
    float r,s;
    printf("\n 请输入 r: ");
    scanf("%f",&r);
    s=S(r+1);
    printf("s=%f\n",s);
}
```

在上面的程序中定义了一个有参宏，且带有形参 a。宏调用中实参为 r+1，在宏替换时，用 3.1415926 代换 PI，用 r+1 代换 a，代换的结果为：s=3.1415926*(r+1)*(r+1)。这与函数的调用是不同的，函数调用时要把实参表达式的值求出来再赋给形参，而宏替换中对实参表达式不做计算直接按原样代换。

4）在宏替换中，字符串内的形参通常要用括号括起来以避免出错。

在上例中的宏替换中 PI*(a)*(a)表达式的 a 都用括号括起来，因此结果是正确的。如果去掉括号，把程序改为以下形式：

```
#define PI 3.1415926                //无参宏替换
#define S(a) PI*a*a                 //有参宏替换
main()
{
    float r,s;
    printf("\n 请输入 r: ");
    scanf("%f",&r);
    s=S(r+1);
```

```
    printf("s=%f\n",s);
}
```

在上面的程序中，由于宏替换只作符号代换而不作其他处理，因此“s=S(r+1);”语句经过宏替换后将变为“s=PI*r+1*r+1;”，这显然与原意相违，因此参数两边的括号是不能少的。

即使在参数两边加括号还是不够的，在宏替换字符串两边也需要加上括号。

例如：

```
#define PI 3.1415926              //无参宏替换
#define S(a) PI*(a)*(a)    //有参宏替换
main()
{
    float r,s;
    printf("\n 请输入 r: ");
    scanf("%f",&r);
    s=1/S(r+1);
    printf("s=%f\n",s);
}
```

上面程序的原意是计算面积的倒数，但是，经过宏替换后，“s=1/S(r+1);”语句变为“s=1/3.1415926*(r+1)*(r+1);”，显然违背了原意。程序修改如下：

```
#define PI 3.1415926                   //无参宏替换
#define S(a)   (PI*(a)*(a))    //有参宏替换
main()
{
    float r,s;
    printf("\n 请输入 r: ");
    scanf("%f",&r);
    s=1/S(r+1);
    printf("s=%f\n",s);
}
```

6.5.2 文件包含

文件包含是 C 预处理程序的另一个重要功能。文件包含命令行的一般形式为：

```
#include  "文件名"
```

或

```
#include  <文件名>
```

在前面已多次用此命令包含库函数的头文件。例如：

```
#include    "stdio. h"
#include    "math. h"
#include    < time. h >
```

文件包含命令的功能是把指定的文件插入该命令行位置以取代该命令行，从而把指定的文件和当前的源程序文件连成一个源文件。在程序设计中，文件包含是很有用的。一个大的程序可以分为多个模块，由多个程序员分别编程。有些公用的符号常量或宏替换等可单独组成一个文件，在其他文件的开头用包含命令包含该文件即可使用。这样可避免在每个文件开头都要书写那些公用量，从而节省时间，并减少出错。

在使用文件包含命令时应注意以下几点。

1）包含命令中的文件名可以用双引号括起来，也可以用尖括号括起来。

#include "stdio. h"和 #include <math. h>这两种写法都是允许的，但是这两种形式是有区别的：使用尖括号表示在包含文件目录中去查找（包含文件目录是由用户在设置环境时设置的），而不在源文件目录去查找；使用双引号则表示首先在当前的源文件目录中查找，若未找到才到包含文件目录中去查找。用户编程时可根据自己文件所在的目录来选择某一种命令形式。

2）一个 include 命令只能指定一个被包含文件，若有多个文件要包含，则须用多个 include 命令。

3）文件包含允许嵌套，即在一个被包含的文件中又可以包含另一个文件。

6.6 精彩案例

本节主要介绍有关函数的一些精彩案例，具体包括判断回文数、判断完数和斐波那契数列 3 个案例。

6.6.1 判断回文数

【例 6-9】如果一个 5 位数的个位与万位相同，十位与千位相同，则称这个数为回文数，如 12321。编写一个函数判断一个 5 位数是否为回文数。

分析：

1）在函数中分解 5 位数，求出一个数的个位、十位、千位和万位。

2）如果个位与万位相同，十位与千位相同，返回 1，否则返回 0。

3）在主函数中，输入一个 5 位数，调用函数，并输出相应提示。

程序代码：

```
int hui(long n)
{
    int g,s,q,w;
    w = n/10000;                //计算万位
    q = n/1000%10;              //计算千位
    s = n%100/10;               //计算十位
    g = n%10;                   //计算个位
```

```
    if(g == w&&s == q)
        return 1;
    else
        return 0;
}
main()
{
    long a;
    printf("\n 请输入一个整数:");
    scanf("%ld",&a);
    if(hui(a) ==1)
        printf("%ld 是回文数\n",a);
    else
        printf("%ld 不是回文数\n",a);
}
```

运行上面程序，输入 12321，输出结果为：

```
12321 是回文数
```

6.6.2 判断完数

【例 6-10】一个数如果恰好等于它的因子之和，这个数就称为“完数”，例如 6 =1 +2 +3 编程找出 3 ~1000 的所有完数。

分析：

1）由于在程序中要多次判断一个数是否为完数，所以，需要编写一个判断完数的函数。

2）在判断完数的函数中，首先需要利用循环计算数 n 的所有因子，判断因子的方法为：n%i，若结果为 0，则 i 为 n 的因子，n 的因子的范围为 1 ~ n/2，同时用变量 s 累加所有的因子的和。

3）最后判断，如果因子的和 s 等于 n，则 n 是完数，返回 1，否则返回 0。

4）在主函数中，循环调用判断完数函数，并输出所有完数。

程序代码：

```
int wan(int n)
{
    int i,s =0;
    for(i =1;i <= n/2;i ++)
        if(n%i ==0)
            s + =i;
    if(s == n)
        return 1;
    else
```

```
        return 0;
    }
main()
{
    int i;
    for(i=3;i<=1000;i++)
        if(wan(i)==1)
            printf("%5d",i);
    printf("\n");

}
```

运行上面的程序，输出结果为：

```
628496
```

6.6.3 斐波那契数列

【例 6-11】如果每对兔子每月繁殖一对子兔，而子兔在出生后第二个月就有生殖能力，试问第一月有一对小兔子，第十二月时有多少对兔子？即：1、1、2、3、5…由数列的规律建立数学模型。

分析：

1）编写 int rabbit(int n)函数。

2）寻找边界条件。根据上面数列的特点，当 n=1 时，兔子对数为 1；当 n=2 时，兔子对数也为 1。

3）寻找规律。当 n=3 时，开始繁殖，兔子的对数等于 rabbit(1)+rabbit(2)，该问题的规律为 rabbit(n)=rabbit(n-1)+rabbit(n-2)(n≥3)。

4）在主函数中调用 rabbit(12)。

程序代码：

```
int rabbit(int n)
{
    if(n==1)
        return 1;
    else if(n==2)
        return 1;
    else
        return rabbit(n-1)+rabbit(n-2);
}
main()
```

```
{
    int i;
    i = rabbit(12);
    printf("兔子只数为:%d\n",i);
}
```

运行上面的程序，输出结果为：

```
兔子只数为:144
```

本章小结

本章介绍了模块化程序设计的方法、函数的定义和调用方法、函数递归、变量的作用域及存储类型和宏替换。

在解决复杂问题时，通常采用自顶向下的方法，即将复杂问题模块化。

C 语言中的函数包括库函数和自定义函数。在使用库函数时，一定要在程序前面包含相应的库文件。在 C 语言中，所有的函数都是并列关系，因此，不允许嵌套定义函数，但允许嵌套调用函数。在调用函数时，实参和形参在数量上、类型上、顺序上应严格一致，且应该一一对应。在定义递归函数时，需要按两步进行：1）寻找递归的边界条件。2）寻找问题的规律。

变量按作用域可分为局部变量和全局变量；按存储类型可分为自动变量、静态变量、外部变量和寄存器变量。

宏替换的功能是用一个标识符来表示一个字符串；文件包含用于包含库文件和自定义源程序文件。

通过对本章的学习，读者应该掌握模块化程序设计的思想、函数的定义调用方法、递归函数的定义方法、全局变量和局部变量以及静态变量和动态变量的区别及用法，并了解宏替换的使用。

习题

一、选择题

1. 以下正确的函数定义是________。
   A. double fun(int x,int y)　　B. double fun(int x;int y)
   C. double fun(int x,int y);　　D. double fun(int x,y);
2. C 语言允许函数值类型缺省定义，此时该函数值隐含的类型是________。
   A. float　　B. int　　C. long　　D. double
3. 以下有关函数的形参和实参的说法中正确的是________。
   A. 实参和与其对应的形参各占用独立的存储单元
   B. 实参和与其对应的形参各占用一个存储单元

C. 只有当实参和与其对应的形参同名时才占用同一个存储单元

D. 形参是虚拟的，不占用存储单元

4. 以下说法正确的是________。

A. 定义函数时，形参的类型说明可以放在函数内部

B. return 语句后的值不能为表达式

C. 如果函数值的类型与返回值的类型不一致，以函数类型为准

D. 如果形参与实参的类型不一致，以实参的类型为准

5. 以下叙述中不正确的是________。

A. 在不同的函数中可以使用相同名字的变量

B. 函数中的形式参数是局部变量

C. 在一个函数内定义的变量只在本函数范围内有效

D. 在一个函数内的复合语句中定义的变量在本函数范围内有效

6. 以下程序的正确运行结果是________。

```
#include <stdio.h>
void num()
{
    extern int x,y;
    int a=15,b=10;
    x=a-b;
    y=a+b;
}
int x,y;
main()
{
    int a=7,b=5;
    x=a+b;
    y=a-b;
    num();
    printf("%d,%d\n",x,y);
}
```

A. 12，2　　B. 不确定　　C. 5，25　　D. 1，12

7. 以下程序的运行结果是________。

```
#define  MIN(x,y)  (x)<(y)?(x):(y)
main()
{
    int i=10,j=15,k;
    k=10*MIN(i,j);
    printf("%d\n",k);
}
```

A. 10　　B. 15　　C. 100　　D. 150

8. 请读程序：

```
#include <stdio.h>
#define MUL(x,y)(x) * y
main()
{
    int a=3,b=4,c;
    c=MUL(a++,b++);
    printf("%d\n",c);
}
```

上面程序的输出结果是________。

A. 12　　B. 15　　C. 20　　D. 16

二、编程题

1. 验证哥德巴赫猜想：任何大于 5 的奇数都可以表示为 3 个素数之和，输出被验证的数的各种可能的和式。例如：19=3+3+13，19=3+5+11，19=5+7+7。

2. 如果 a 的因子和等于 b，b 的因子和等于 a，因子包括 1 但不包括自身，且 $a \neq b$，则称 a、b 为亲密数对。编写程序输出 2000 以内所有的亲密数。

第7章 数　　组

数组是计算机程序设计语言中一个很重要的概念，数组的作用是把具有相同类型的若干变量按有序的形式组织起来。在C语言中，数组属于构造数据类型。一个数组可以分解为多个数组元素，这些数组元素可以是基本数据类型或其他构造类型。因此按数组元素的类型不同，数组又可分为数值数组、字符数组、指针数组、结构体数组等，本章介绍数值数组和字符数组的应用。

本章重点：

- 一维数组、二维数组和字符数组的应用。
- 常见的字符串处理函数。
- 数组作为函数参数的应用。

7.1 概述

在前面所介绍的程序中，所涉及的数据不太多，使用简单的变量就可以存取和处理。但在实际问题中往往需要处理大批数据，如果仍使用简单的变量进行处理，就需要定义大量的变量，从而增加了程序的复杂性，有些问题甚至不可能实现。例如，需要保存一个班级中120名学生的计算机成绩，如果使用简单的变量，就需要定义120个变量来保存这些数据，这几乎是不可能实现的。利用数组可以轻松解决上面的问题。

1. 数组的概念

数组是一组具有相同类型和名称的变量的集合。这些变量称为数组的元素，每个数组元素都有一个编号，这个编号叫做下标，下标用来区别这些元素。例如，上面介绍的学生成绩的保存问题，可以使用s[1]、s[2]、…、s[n]等保存n个学生的计算机成绩。

有了数组，就可以用相同名字引用一系列变量，并用数字下标来识别它们。在许多场合，使用数组可以缩短和简化程序，因为可以利用数组的数字下标设计一个循环，高效处理大量数据。数组有上界和下界，数组元素的下标在上、下界内是连续的。

注意：在C语言中，数组必须先定义，后使用。

2. 数组的维数

数组可以是一维的，也可以是多维的。维数用来识别每个数组元素的下标个数。在C语言中，最常用的是一维数组和二维数组，三维以上的数组很少使用。例如：数组c[10]是一维数组，数组s[3][4]是二维数组。

3. 数组的长度

数组的每一维都有一个非零的长度。在数组的每一维中，数组元素按下标0到该维最高下标值连续排列，这个序列的个数就是该数组在该维数上的长度。例如：一维数组c[10]有c[0]、c[1]、…、c[9]共10个元素，因此数组c的长度为10；二维数组s[3][4]的第一维长度为3，即第一维数组元素的下标范围为0、1、2，第二维长度为4，即第二维数组元素的下标范围为 0、1、2、3。

在定义数组时，计算机会为每个数组元素都分配一个内存空间，且整个数组所有元素的内存空间是连续的。在定义数组时应根据实际需要定义数组，避免定义过大的数组从而造成内存空间的浪费。

7.2 一维数组

一维数组是指只有一个下标的数组，主要用于表示具有线性特点的数据。

7.2.1 一维数组的定义

一维数组定义的一般形式为：

```
存储类型说明符 类型标识符 数组名[常量表达式];
```

其中，存储类型说明符为可选项，用于指定数组的存储类型，和变量的存储类型相似。类型说明符是任一种基本数据类型或构造数据类型。数组名是用户定义的数组标识符。方括号中的常量表达式表示数据元素的个数，即数组的长度。

例如：

```
static int a[10];          //定义了一个静态整型数组,长度为 10
float b[10];               //定义了一个浮点型数组,长度为 10
```

定义数组时应注意以下几点。

1）存储类型说明符可以是静态型（static）、自动型（auto）和外部型（extern）。默认为自动型。

2）数组的类型实际上是指数组元素的取值类型。对于同一个数组，其所有元素的数据类型都是相同的。

3）数组名应该符合 C 语言标识符的命名规则。

4）数组名不能与其他变量名相同。

例如：

```
main()
{
    int b;
    float b[10];
    …
}
```

是错误的。

5）方括号中的常量表达式表示数组元素的个数，如 b[5]表示数组 b 有 5 个元素，下标从 0 开始计算。b[5]的 5 个元素分别为 b[0]、b[1]、b[2]、b[3]、b[4]。

6）方括号中只能用常数、符号常数或常量表达式，不能用变量。

例如：

```
# define NUM 5
void main( )
{
    int b[5];
    float c[NUM +5];
    …
}
```

是合法的。但下面的定义方法是错误的：

```
void main( )
{
    int n =5;
    int b[n];
    …
}
```

7.2.2 一维数组的初始化

数组也可以像变量一样，在定义时直接对数组元素赋值，即数组的初始化赋值。数组初始化是在编译阶段进行的。这样将减少运行时间，提高效率。

一维数组初始化赋值的一般形式为：

```
类型说明符 数组名[常量表达式] = {值1,值2,…,值n};
```

其中，{}中的各数据值即为各元素的初值，各值之间用逗号隔开。

例如：

```
int a[10] = {0,1,2,3,4,5,6,7,8,9};
```

初始化后各元素的值为 a[0] =0，a[1] =1，…，a[9] =9。

在对数组初始化赋值时应该注意以下几点。

1）可以只给部分元素赋初值。

当{}中值的个数少于元素个数时，只给前面部分元素赋值。

例如：

```
int a[10] = {0,1,2,3,4};
```

表示 a[0] =0，a[1] =1，a[2] =2，a[3] =3，a[4] =4，a[5] ~a[9]自动赋0值。

2）只能给元素逐个赋值，不能给数组整体赋值。

例如给10个元素全部赋1值，只能写为：

```
int a[10] = {1,1,1,1,1,1,1,1,1,1};
```

而不能写为：

```
int a[10] = 1;
```

3）如对数组所有元素赋初值，则数组长度说明可以省略。

例如：

```
int a[10] = {0,1,2,3,4,5,6,7,8,9};
```

可写为：

```
int a[] = {0,1,2,3,4,5,6,7,8,9};
```

注意：如果只给一个数组的部分元素赋初值，则数组长度说明不能省略。

例如：

```
int a[10] = {0,1,2,3,4,5};
```

不能写为：

```
int a[] = {0,1,2,3,4,5};
```

4）在为数组元素赋初值时，值的个数不能超过数组元素的长度。

例如：

```
int a[5] = {0,1,2,3,4,5,6};
```

上面的初始化是错误的，系统会产生“too many initializers”错误。

5）如果不对自动型（auto）数组初始化，则其初始值为系统分配给数组各元素的内存单元中的原始值，是一个不可预知的数，因此在使用数组前，一定要为数组元素赋值。

7.2.3 一维数组的引用

数组元素是组成数组的基本单元。数组元素也是一种变量，其标识方法为数组名后跟一个下标，下标表示了元素在数组中的顺序号。

数组元素的一般形式为：

```
数组名[下标]
```

其中，下标可以是整型常量、整型变量或整型表达式；下标的范围为 0 ~ 数组长度 -1。

例如：

```
int a[5] = {0,1,2,3,4};
```

可以通过 a[0]、a[i]、a[i+j]等引用数组元素。

下面有关数组元素的操作都是合法的。

```
a[0]=5;
a[1]=a[0]+5;
scanf("%d",&a[2]);
a[2+1]=a[0]+a[1];
printf("%d",a[3]);
```

C 语言中，数组名实质上是数组的首地址，是一个常量地址，不能对它进行赋值，因此不能利用数组名来整体引用一个数组，而只能单个地使用数组元素。

例如，输出有 10 个元素的数组必须使用循环语句逐个输出各个元素的值：

```
for(i=0; i<10; i++)
    printf("%d",a[i]);
```

而不能用一个语句输出整个数组，下面的写法是错误的：

```
printf("%d",a);
```

【例 7-1】输入 10 个整数，存入数组，并输出数组的所有内容。

分析：

1）定义一个长度为 10 的一维整型数组。

2）利用 for 循环输入 10 个整数，并将其一一赋给数组的各个元素。

3）利用 for 循环输出数组的内容。

程序代码：

```
#include "stdio.h"
main()
{
    int i,a[10];
    for(i=0;i<10;i++)
        scanf("%d",&a[i]);          //输入 10 个整数,并赋给各个数组元素
    for(i=0;i<10;i++)               //利用 for 循环输出数组元素的内容
        printf("%5d",a[i]);
    printf("\n");
}
```

7.2.4 一维数组应用

【例 7-2】从键盘上输入 10 个整数，放入数组中，输出这 10 个数中的最大值、最小值和它们对应的下标。

分析：

1）利用 for 循环输入 10 个整数，并赋值给数组 a 的各个元素。

2）假定第 1 个元素为最大值 max，然后用 max 和其他元素比较，如果 a[i]比 max 值大，则 max = a[i]，并设置最大值位置 j = i；这样比较完后，max 的值即为最大值，j 即为最大值的下标。

3）最小值的计算与最大值相似。

程序代码：

```
#include "stdio.h"
main()
{
    int i,a[10];
    int max,min,j,k;
    printf("\n 请输入 10 个整数:");
    for(i=0;i<10;i++)
        scanf("%d",&a[i]);
    max=a[0];
    min=a[0];
    j=0;
    k=0;
    for(i=0;i<10;i++)
    {
        if(max<a[i])
        {
            j=i;
            max=a[i];
        }
        if(min>a[i])
        {
            k=i;
            min=a[i];
        }
    }
    printf("最大值为 a[%d]=%d,最小值为 a[%d]=%d\n",j,max,k,min);
}
```

运行上面的程序，输入：

```
23 34 45 56 67 20 80 100 10 5
```

输出结果为：

```
最大值为 a[7]=100,最小值为 a[9]=5
```

思考：在本例中，求最大值前，能否将 max 的默认值设置为 0，即将 max = a[0]改为 max = 0？

【例 7-3】输入 10 个整数，并放入数组中，将数组元素首尾对调，并输出对调前后数组元素的值。

分析：

1）利用 for 循环输入 10 个整数，并赋给数组的各个元素。

2）输出对调前的数组元素。

3）数组首尾对调的元素为：a[0]和 a[9]对调，a[1]和 a[8]对调，…，即 a[i]和 a[9 - i]对调，共需对调 5 次。

4）输出对调后的数组元素。

程序代码：

```
#include "stdio.h"
main()
{
    int i,a[10],t;
    //输入并输出对调前的数组元素
    printf("\n 对调前的数组元素为:");
    for(i = 0;i < 10;i ++)
    {
        scanf("%d",&a[i]);
        printf("%5d",a[i]);
    }
    //数组元素对调
    for(i = 0;i < 5;i ++)
    {
        t = a[i];
        a[i] = a[9 - i];
        a[9 - i] = t;
    }
    //输出对调后的数组元素
    printf("\n 对调后的数组元素为:");
    for(i = 0;i < 10;i ++)
    {
        printf("%5d",a[i]);
    }
    printf("\n");
}
```

运行上面的程序，输入：

```
23 34 45 56 67 20 80 100 10 5
```

输出结果为：

```
5 10 100 80 20 67 56 45 34 23
```

【例 7-4】 输入 10 个整数，并放入数组，对数组中的整数用冒泡法进行排序，并输出排序前后数组元素的值。

分析：

1）利用 for 循环输入并输出数组元素的值。

2）利用冒泡法进行排序。

3）利用 for 循环将排好序的数组元素输出。

冒泡法排序的思想：冒泡排序采用从头至尾将两个相邻的数组元素进行比较，如果两个相邻元素的大小关系与排序的要求不一致，则交换两个元素的值，然后继续向后比较相邻元素的值，如此从头至尾比较一次称为“一轮”。每一轮比较结束后最大的值就被交换到了最后一个元素，而较小的值逐渐向前浮动，“冒泡法”即由此得名。例如：

```
10  4  5  7  3  2  8  6  9  1
```

1）第 0 轮比较过程如下。

第 0 次比较：10 和 4 比较，10 比 4 大，两个元素对调，对调结果如下。

```
4  10  5  7  3  2  8  6  9  1
```

第 1 次比较：10 和 5 比较，10 比 5 大，两个元素对调，对调结果如下。

```
4  5  10  7  3  2  8  6  9  1
```

…

第 8 次比较：10 和 1 比较，10 比 1 大，两个元素对调，对调结果如下。

```
4  5  7  3  2  8  6  9  1  10
```

2）第 1 轮比较在 4　5　7　3　2　8　6　9　1 内进行，过程如下。

第 0 次比较：4 和 5 比较，4 比 5 小，不进行对调，结果如下。

```
4  5  7  3  2  8  6  9  1  10
```

第 1 次比较：5 和 7 比较，5 比 7 小，两个元素不对调，结果如下。

```
4  5  7  3  2  8  6  9  1  10
```

第 2 次比较：7 和 3 比较，7 比 3 大，两个元素对调，对调结果如下。

```
4  5  3  7  2  8  6  9  1  10
```

…

第7次比较：9和1比较，9比1大，两个元素对调，对调结果如下。

```
4 5 3 2 7 6 8 1 9 10
```

…

3）第8轮比较在2和1之间进行，过程如下。

第0次比较：2比1大，两个元素对调，对调结果如下。

```
1 2 3 4 5 6 7 8 9 10
```

由上分析，10个数排序共需9轮比较，第i轮需要9－i次比较，每一轮参与排序的元素分别为a[0]、a[1]、…、a[9－i]。推而广之，如果n个元素参与排序，共需要n－1轮比较，每一轮需要比较的次数为n－1－i，每一轮参与比较的元素分别为a[0]、a[1]、…、a[n－1－i]。

程序代码：

```
#include "stdio.h"
main()
{
    int i,j,a[10],t;
    //输入并输出排序前的数组元素
    printf("\n 排序前的数组为:");
    for(i=0;i<10;i++)
    {
        scanf("%d",&a[i]);
        printf("%5d",a[i]);
    }
    //数组元素排序
    for(i=0;i<9;i++)                 //共需9轮比较
        for(j=0;j<9-i;j++)           //第i轮共需9-i次比较
            if(a[j]>a[j+1])          //如果前一个元素比后一个元素大,对调两个元素
            {
                t=a[j];
                a[j]=a[j+1];
                a[j+1]=t;
            }
    //输出排序后的数组元素
    printf("\n 排序后的数组为:");
    for(i=0;i<10;i++)
        printf("%5d",a[i]);
    printf("\n");
}
```

运行上面的程序，输入：

```
21  65  76  56  70  9  15  10  18  32
```

输出结果为：

```
排序前的数组为:  21   65   76   56   70    9   15   10   18   32
排序后的数组为:    9    10   15   18   21   32   56   65   70   76
```

【例 7-5】将上例用选择法进行排序，并输出排序前后数组元素的值。

选择法排序的思想：假设需要对 10 个数进行排序，那么首先找出 10 个数里面的最小数，并和这个 10 个数的第一个（下标 0）交换位置，剩下 9 个数（这 9 个数都比刚才选出来那个数大），再选出这 9 个数中最小的数，和第二个位置的数（下标 1）交换，于是还剩 8 个数（这 8 个数都比刚才选出来的大），依此类推，当还剩两个数时，选出两个数的最小者放在第 9 个位置（下标 8），于是就只剩下一个数了。这个数已经在最后一位（下标 9），不用再选择了。所以 10 个数排序，一共需要选择 9 次（n 个数排序就需要选择 n－1 次）。

程序代码：

```
#include "stdio.h"
main()
{
    int i,j,a[10],t;
    //输入并输出排序前的数组元素
    printf("\n 排序前的数组为:");
    for(i=0;i<10;i++)
    {
        scanf("%d",&a[i]);
        printf("%5d",a[i]);
    }
    //数组元素排序
    for(i=0;i<9;i++)
    {
        k=i;                    //保存 i 的值,用 k 来进行循环排序
        //将第 i 个元素后面的元素与第 i 个元素进行比较
        for(j=i+1;j<10;j++)
            //如果第 i 个元素后面的元素小于 i 号元素,则用变量 k 记录下标
            if(a[j]<a[k])    k=j;
        //循环结束后,交换最小值和当前元素的值
        t=a[k];
        a[k]=a[i];
          a[i]=t;
    }
    //输出排序后的数组元素
    printf("\n 排序后的数组为:");
```

```
        for(i=0;i<10;i++)printf("%5d",a[i]);
        printf("\n");
    }
```

运行上面的程序，输入：

```
21  65  76  56  70   9  15  10  18  32
```

输出结果为：

```
排序前的数组为：  21   65   76   56   70    9    15   10   18   32
排序后的数组为：   9    10   15   18   21   32   56   65   70   76
```

思考：如果需要按降序排列数组内容，【例 7-4】和【例 7-5】程序应该如何修改？

7.3 二维数组

前面介绍的一维数组只有一个下标。在实际问题中有很多问题需要用二维的或多维的数组来表示，如数学上的矩阵，就需要二维格式的存储方式。本节重点介绍二维数组的应用。

7.3.1 二维数组的定义

二维数组经常用于存储二维表格结构的数据。二维数组定义的一般形式是：

```
存储类型说明符 类型标识符 数组名[常量表达式1][常量表达式2];
```

其中，常量表达式 1 表示第一维下标的长度，常量表达式 2 表示第二维下标的长度，多维数组的定义与此类似。例如："int s[3][4];" 定义了一个三行四列的数组，数组名为 s。该数组的元素共有 3×4=12 个，即：

```
s[0][0], s[0][1], s[0][2], s[0][3]
s[1][0], s[1][1], s[1][2], s[1][3]
s[2][0], s[2][1], s[2][2], s[2][3]
```

二维数组从形式上看类似于数学中的矩阵。二维数组的第一维长度表示矩阵的行数，第二维长度表示矩阵的列数。

例如，有一个班级共有 50 名同学，本学期共有 4 门课程，如果需要保存学生的 4 门课程的成绩，就应定义一个 float 类型的二维数组，二维数组的行数为 50，列数为 4，定义二维数组的语句为 "float s[50][4];"。

7.3.2 二维数组的初始化

二维数组初始化也是在定义数组时给各个数组元素直接赋初值。二维数组可按行连续赋值，也可按行分段赋值。

1）按行连续赋值。将数组元素的初始值按先行后列的顺序写在花括号内，各初值用逗号隔开，例如：

```
int s[3][4] = { 80,75,92,61,65,71,59,63,70,85,87,90};
```

2）按行分段赋值。将每行元素初值以逗号隔开，写在花括号内，每个花括号内的数据对应一行元素。各行元素以逗号隔开，写在一个总的花括号内，例如：

```
int s[3][4] = { {80,75,92,61},{65,71,59,63},{70,85,87,90}};
```

上述两种赋初值的结果是相同的，赋值结果为：

```
s[0][0] =80   s[0][1] =75   s[0][2] =92   s[0][3] =61
s[1][0] =65   s[1][1] =71   s[1][2] =59   s[1][3] =63
s[2][0] =70   s[2][1] =85   s[2][2] =87   s[2][3] =90
```

但是，第二种赋值方式更能表现二维数组的结构，同时也更灵活。

在对二维数组初始化赋值时，应注意以下几点。

1）可以只对部分元素赋初值，未赋初值的元素自动取 0 值。

例如："int s[4][4] = {{1},{2},{3},{4}};"是对每一行的第一列元素赋值，未赋值的元素取 0 值。赋值后各元素的值为：

```
1 0 0 0
2 0 0 0
3 0 0 0
4 0 0 0
```

通过"int s[4][4] = {{1},{0, 2},{0,0,3},{0,0,0,4}};"赋值后各元素值为：

```
1 0 0 0
0 2 0 0
0 0 3 0
0 0 0 4
```

2）如对全部元素赋初值，则第一维的长度可以省略。

例如：

```
int s[4][4] ={1,2,3,4,5,6,7,8,9,10,11,12,13,14,15,16};
```

也可以写为：

```
int s[ ][4] ={1,2,3,4,5,6,7,8,9,10,11,12,13,14,15,16};
```

3）在采用按行分段初始化时，如果每一行都有初值，第一维长度也可以省略。

例如：

```
int s[4][4] = {{1},{2},{3},{4}};
```

也可以写为：

```
int s[][4] = {{1},{2},{3},{4}};
```

4）二维数组初始化时，第二维长度不能省略。

例如：

```
int s[4][] = {1,2,3,4,5,6,7,8,9,10,11,12,13,14,15,16};
```

上面的语句是错误的。

7.3.3 二维数组的引用

二维数组元素引用的一般形式为：

```
数组名[行下标][列下标]
```

其中，行下标和列下标可以是整型常量、整型变量或整型表达式。多维数组元素的引用与此类似。

例如：

```
int s[3][4] = {1,2,3,4,5,6,7,8,9,10,11,12,13,14,15,16};
```

可以通过 a[0][0]，a[i][1]，a[i+j][3]等引用数组元素。

注意：数组 s 的行下标只能为 0、1、2，列下标只能为 0、1、2、3。例如：**s[3][4]**是错误的数组元素的引用。

下面有关数组元素的操作都是合法的。

```
a[0][0] = 5;
a[1][1] = a[1][0] + 10;
scanf("%d",&a[2][0]);
a[i][2] = a[i][0] + a[i][1];
printf("%d",a[2][i]);
```

由于二维数组表示的是二维表格形式的数据，因此，给二维数组赋值或输出二维数组时，需要使用循环的嵌套来实现。

例如，输出 s[3][4]数组的数据的语句为：

```
for(i=0; i<3; i++)
{
    for(j=0; j<4; j++)
        printf("%d",a[i][j]);
    printf("\n");
}
```

【例 7-6】输入 12 个 10~100 之间的整数，放入 3 行 4 列的二维数组，以矩阵的方式输出该二维数组，并求出该数组的最大值及其下标。

分析：

1）利用 for 循环嵌套输入 12 个整数，并放入二维数组 s[3][4]中，同时输出数组。

2）假定数组的第一个元素为最大值 max，即 max = s[0][0]，并设置行下标 r = 0，列下标 c = 0。

3）将 max 和其他元素 s[i][j]比较，如果 s[i][j]比 max 大，则 max = s[i][j]，r = i，c = j。

程序代码：

```
#include "stdio.h"
#include "time.h"
main()
{
    int s[3][4];
    int i,j,r,c,max;
    //生成并输出二维数组
    for(i=0;i<3;i++)
    {
        for(j=0;j<4;j++)
        {
            scanf("%d",&a[i][j]);
            printf("%4d",s[i][j]);
        }
        printf("\n");
    }
  //计算二维数组最大值
    max = s[0][0];
    r = c = 0;
    for(i=0;i<3;i++)
        for(j=0;j<4;j++)
            if(max < s[i][j])
            {
                max = s[i][j];
                r = i;
                c = j;
            }
    printf("\n 最大值为 s[%d][%d] = %d\n",r,c,max);
}
```

运行上面的程序，输入下面的整数：

```
36  21  25  91  98  78  60  75  29  46  95  48
```

输出结果为：

```
36  21  25  91
98  78  60  75
29  46  95  48
最大值为 s[1][0] =98
```

7.3.4 二维数组应用

【例 7-7】 用户输入一个 3 * 3 矩阵数据，输出矩阵并计算矩阵对角线元素之和。

分析：

1）利用双重 for 循环控制输入并同时输出二维数组。

2）矩阵包含两条对角线，这些对角线元素的形式为 s[i][i] 和 s[i][2 - i]。累加这些元素，并减去两条对角线的交叉元素 s[1][1]。

程序代码：

```
#include "stdio.h"
main()
{
    floats[3][3],sum =0;
    int i,j;
    printf("\n 请输入 9 个数：");
    for(i =0;i <3;i ++)
        for(j =0;j <3;j ++)
            scanf("%f",&a[i][j]);
    for(i =0;i <3;i ++)
    {
        sum + =  a[i][i];
        sum + = a[i][2 -i];
    }
    sum - = a[1][1];//累加和减去加了 2 次的 a[1][1]
    printf("\n result =  %6.2f",sum);
}
```

思考：如果将上例改为计算 4 ×4 矩阵对角线元素的和，应该如何修改上述程序？

【例 7-8】 输入一个 0 ~ 100 之间的 3 行 4 列的矩阵，输出矩阵和矩阵的转置矩阵。

分析：

1）输入并输出 3 * 4 矩阵 s[3][4]。

2）计算矩阵 s 的转置矩阵。

3）输出转置矩阵的内容。

转置矩阵：将一个矩阵 s 的所有行元素，变成另外一个矩阵 a 的所有列元素，则称矩阵

s 和矩阵 a 互为转置。s[3][4]的转置矩阵应该为 a[4][3]。例如:

```
1   2   3   4
5   6   7   8
9   10  11  12
```

上面矩阵的转置结果为:

```
1   5   9
2   6   10
3   7   11
4   8   12
```

程序代码:

```
#include "stdio.h"
main()
{
    int s[3][4],a[4][3];
    int i,j,r,c,max;
    //输入并输出原始矩阵内容
    printf("\n 原始矩阵为:\n");
    for(i=0;i<3;i++)
    {
        for(j=0;j<4;j++)
        {
            scanf("%d",&s[i][j]);
            printf("%4d",s[i][j]);
        }
        printf("\n");
    }
    //计算原始矩阵的转置矩阵
    for(i=0;i<4;i++)
        for(j=0;j<3;j++)
            a[i][j]=s[j][i];
    //输出转置后的矩阵内容
    printf("\n 转置后的矩阵为:\n");
    for(i=0;i<4;i++)
    {
        for(j=0;j<3;j++)
            printf("%4d",a[i][j]);
        printf("\n");
    }
}
```

运行上面的程序，输出结果为：

```
原始矩阵为：
84  13  75  63
21  87  59  98
42  91  67  30
转置后的矩阵为：
84  21  42
13  87  91
75  59  67
63  98  30
```

7.4 字符数组与字符串

字符数组用来存放字符常量，在C语言中，经常用字符数组来实现字符串的各种操作。

7.4.1 字符数组的定义与初始化

1. 字符数组的定义

字符数组的定义与前面介绍的数值数组相同。一维字符数组定义的一般形式为：

```
存储类型说明符 char 数组名[下标]
```

二维字符数组定义的一般形式为：

```
存储类型说明符 char 数组名[下标][下标]
```

例如：

```
static char c[10];              //一维字符数组
char s[5][10];                  //二维字符数组
```

2. 字符数组的初始化

字符数组也允许在定义时作初始化赋值，定义方法和数值数组相同，例如：

```
char c[10] = {'W','e','l','c','o','m','e'};
```

初始化赋值后各元素的值为：c[0] = 'W'，c[1] = 'e'，c[2] = 'l'，c[3] = 'c'，c[4] = 'o'，c[5] = 'm'，c[6] = 'e'，由于c[7]、c[8]、c[9]未赋值，系统自动赋0值。

当对全体元素赋初值时，也可以省去长度说明，例如：

```
char c[] = {'W','e','l','c','o','m','e'};
```

这时c数组的长度自动定为7。

二维字符数组的初始化也和数值数组相同，例如：

```
char a[][12] = {{'V','i','s','u','a','l','','b','a','s','i','c'},{'V','i','s','u','a','l',
'','C','+','+'}};
```

上例为二维字符数组所有的行都赋初值，因此行下标的长度可以省略。

7.4.2 字符串的概念及存储

在C语言中没有专门的字符串变量，通常用一个字符数组来存放一个字符串。在2.2.1节介绍字符串常量时，已说明字符串总是以'\0'作为结束符。因此当把一个字符串存入一个数组时，也把结束符'\0'存入数组，并以此作为该字符串结束的标志。在程序设计中，经常通过'\0'标志作为遍历字符串的结束条件，不必再用字符数组的长度来遍历字符串。

C语言允许用字符串的方式对数组作初始化赋值。例如：

```
char c[] = {'W','e','l', 'c','o','m','e'};
```

可写为：

```
char c[] = {"Welcome"};
```

或去掉{}，写为：

```
char c[] = "Welcome";
```

由于用字符串方式为字符数组赋初值时，系统自动为字符串增加结束标志'\0'，因此，字符串赋值比用字符逐个赋值要多占一个字节。

```
char c[] = {'W','e','l', 'c','o','m','e'};
```

定义的数组长度为7。

```
char c[] = "Welcome";
```

定义的数组长度为8。

逐字符数组初始化赋值和字符串初始化赋值的存储结构如图7-1a和7-1b所示。

图7-1　存储示意
a）逐字符数组初始化存储示意　b）字符串初始化存储示意

由于采用了'\0'标志，因此在用字符串赋初值时一般无须指定数组的长度，而由系统自行处理。在采用字符串方式后，字符数组的输入/输出将变得简单方便。除了上述用字符串赋初值的办法外，还可用scanf函数和printf函数一次性输入/输出一个字符数组中的字符串，而不必使用循环语句逐个地输入/输出每个字符。

【例 7-9】用户输入一个姓名，例如 Tom，输出“欢迎你，Tom”

```
main( )
{
    charname[10];
    printf("\n 请输入姓名:");
    scanf("%s",name);
    printf("\n 欢迎你,%s\n",name);
}
```

在上例中，使用格式字符串“%s”，表示输入/输出字符串。在 scanf 函数中，输入一个字符串时，由于数组 name 本身就表示数组的首地址，因此不需要使用地址符 &。在 printf 函数中输出字符数组时，输出列表项给出数组名即可，不能写为 printf("%s", c[])。

7.4.3 字符数组的输入/输出

1. 字符数组的输入

在 C 语言中，字符数组的输入方法有两种。

(1) scanf 函数

利用 scanf 函数中的%s 格式字符串，可以直接输入一个字符数组的内容，例如：

```
char s[7];
scanf("%s",s);
```

在输入字符串时，系统会自动为字符数组加上'\0'结束符，例如用户输入：

```
hello
```

字符数组 s 的内容在内存的存储结果如图 7-2 所示。

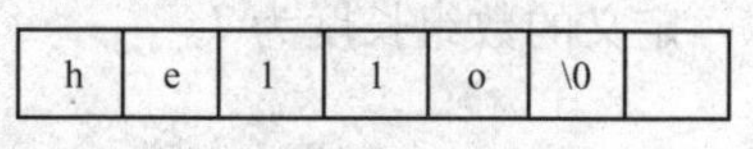

图 7-2 字符串结束符

注意：在利用 scanf 函数输入字符串时，字符串的输入结束标志为〈Enter〉键或空格键，因此，利用 scanf 函数无法输入带有空格的字符串。

例如：

```
char s[9];
scanf("%s",s);
```

在输入字符串时，如果输入：

```
How do you do?
```

则字符串 s 中的内容为“How”，因为当 scanf 函数遇到“How”后面的空格时，认为输入已经结束，数组 s 的内容在内存中的存储结果如图 7-3 所示。

（2）gets 函数

gets 函数用于从键盘上输入一个字符串，函数的一般形式为：

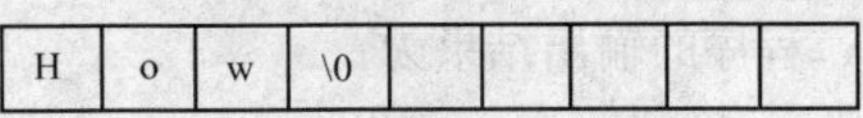

图 7-3　空格符结束 scanf 函数输入

```
gets(字符数组名);
```

gets 函数包含在 stdio. h 函数库中，在输入字符串时，以〈Enter〉键作为字符串结束标志，也就是说，gets 函数可以输入包含空格的字符串，这一点和 scanf 函数是不同的。

例如：

```
char s[15];
gets(s);
```

在输入字符串时，如果输入：

```
How are you!
```

则字符数组 s 的内容为“How are you!”。

2. 字符数组的输出

在 C 语言中，字符数组的输出也有两种方法。

（1）printf 函数

利用 printf 函数中的%s 格式字符串，可以直接输出一个字符数组的内容，例如：

```
char s[] = "how are you!";
printf("%s",s);
```

（2）puts 函数

puts 函数用于把字符数组中的字符串输出到显示器，函数的一般形式为：

```
puts (字符数组名);
```

例如：

```
puts("hello how are you");
char s[] = "how are you";
puts(s);
```

在利用 printf 函数和 puts 函数输出字符数组时，将逐个输出字符数组的各个字符，直到遇到'\0 '结束符。

注意：puts 函数输出时，自动将字符串的结束符转变为'\n '字符。

例如：

```
puts("Hello");
puts("How are you");
```

程序的输出结果为：

```
Hello
How are you
```

7.4.4 字符串处理函数

C 语言提供了丰富的字符串处理函数，包括字符串的复制、比较、转换、连接等，使用这些函数可大大减轻编程的负担。这些字符串函数被包含在"string. h" 头文件中。下面介绍几个最常用的字符串函数。

1. strlen 函数

strlen 函数用于测试字符串长度，函数的一般形式为：

```
strlen( <字符数组> )
```

注意：在使用 strlen 函数求一个字符串的长度时，返回的是字符串的实际长度，不包括字符串结束标志符'\0'。

例如：

```
char s[10] = "welcome";
int n;
n = strlen(s);
printf("%d",n);
```

程序的输出结果不是 10，也不是 8，而是 7。

该函数也可以测试字符串常量的长度，例如：

```
int n;
n = strlen("how are you");
printf("%d",n);
```

程序的输出结果是 11。

2. strcpy 函数

strcpy 函数用于把一个字符串的字符复制到另一个字符数组。字符串结束标志'\0'也一同复制。函数的一般形式为：

```
strcpy( <目标字符数组>, <字符串> )
```

其中，<字符串>可以是字符数组，也可以是字符串常量。

例如：

```
char t[20],s[20] = "How are you";
strcpy(t,s);
puts(t);
strcpy(t,"Welcome");
puts(t);
```

程序的输出结果为：

```
How are you
Welcome
```

在使用 strcpy 函数时，应注意以下几点。

1）<目标字符数组>的长度必须定义得足够大，以便容纳被复制的字符串。

2）复制字符串时，字符串后面的'\0'被一起复制到<目标字符数组>中。

3）在 C 语言中，不允许将一个字符串或字符数组的内容直接通过赋值语句赋给另外一个数组，只能通过 strcpy 函数来实现。

例如：

```
char t[20],s[20] = "how are you";
t = s;                    //不能将一个数组的内容直接赋值给另一个数组
t = "hello";              //不能将一个字符串常量赋值给一个字符数组
```

上面的赋值方法都是错误的。

3. strcat 函数

strcat 函数用于把一个字符串中的字符连接到一个字符数组原有字符的后面。strcat 函数的一般形式为：

```
strcat(<字符数组1>,<字符串2>)
```

其中，<字符串2>可以是字符数组，也可以是字符串常量。

例如：

```
char s[20] = "How";
char t[20] = "do you do?";
char r[20] = "Welcome";
strcat(s,t);
puts(s);
strcat(r,"Tom");
puts(r);
```

程序的输出结果为：

```
How do you do?
Welcome Tom
```

在使用 strcat 函数时，应注意以下几点。

1） <字符数组 1 >必须定义得足够大，以便容纳连接后的新字符串。

2） 在字符串连接时，系统会自动删除<字符数组 1 >后面的结束标志符'\0 '。

例如：

```
char s[20] = "How";
char t[20] = " do you do?";
strcat(s,t);
```

将上面的字符数组进行连接时，字符数组的存储情况如图 7-4 所示。

s:	H	o	w	\0																
t:	␣	d	o	␣	y	o	u	␣	d	o	?	\0								
s:	H	o	w	␣	d	o	␣	y	o	u	␣	d	o	?	\0					

图 7-4　strcat 函数字符串连接结果

4. strcmp 函数

strcmp 函数用于按照字符 ASCII 码顺序比较两个字符串的大小。strcmp 函数的一般形式为：

```
n = strcmp( <字符串 1 >, <字符串 2 >)
```

在使用 strcmp 函数时，应注意以下几点。

1） 函数返回值 n 的取值情况为：

- 若字符串 1 = 字符串 2，则 $n == 0$。
- 若字符串 1 >字符串 2，则 n >0。
- 若字符串 1 <字符串 2，则 n <0。

2） <字符串 1 >和<字符串 2 >可以是字符数组，也可以是字符串常量。

例如：

```
main()
{
    char s1[10];
    char s2[10];
    int n;
    gets(s1);
    gets(s2);
    n = strcmp(s1,s2);
    if(n >0)
        printf("%s  >%s \n",s1,s2);
    else if(n <0)
        printf("%s  >%s \n",s1,s2);
```

```
        else
              printf("%s  ==%s \n",s1,s2);
}
```

运行上面的程序，输入：

```
Hello
Welcome
```

输出结果为：

```
Hello  <Welcome
```

5. strlwr 函数

strlwr 函数用于将一个字符串字符转换为小写字符。strlwr 函数的一般形式为：

```
strlwr( <字符串> )
```

其中，函数的返回值为转换后的字符串的首地址。

例如：

```
char s[20] = "HELLO";
strcpy(s,strlwr(s));
puts(s);
```

程序的输出结果为：

```
hello
```

6. strupr 函数

strupr 函数用于将一个字符串字符转换为大写字符。strupr 函数的一般形式为：

```
strupr( <字符串> )
```

其中，函数的返回值为转换后的字符串的首地址。

例如：

```
char s[20] = "hello";
strcpy(s,strupr(s));
puts(s);
```

程序的输出结果为：

```
HELLO
```

7.4.5 字符数组应用

【例 7-10】 输入 5 个学生的姓名，按照 ASCII 码顺序找出姓名最大（按 ASCII 码比较）的学生。

分析：

1）输入 5 个学生的姓名，并放入一个二维字符数组 names 中。

2）定义 maxpos 为整型，保存姓名最大的数组下标，初值为 0，然后用这个最大的姓名和其他姓名比较，如果其他姓名比最大的姓名大，则 maxpos 存放这个姓名数组下标。

3）输出 names[maxpos]，即为姓名最大者。

程序代码：

```
#include "stdio.h"
#include "string.h"
main()
{
    char names[5][20];
    int i;
    int maxpos;                    //保存最大姓名数组下标
    printf("\n 请输入 5 个姓名:\n");
    for(i=0;i<5;i++)
        gets(names[i]);
    maxpos=0;
    for(i=0;i<5;i++)
        //如果第 i 个姓名比最大姓名大
        if(strcmp(names[i],names[maxpos])>0)
            maxpos=i;
    printf("\n 姓名最大值为(ASCII 码顺序):");
    puts(names[maxpos]);
}
```

运行上面的程序，输入：

```
Tom
Jack
Bush
Susan
George
```

输出结果为：

```
姓名最大值为(ASCII 码顺序):Tom
```

【例 7-11】 输入一个字符串，将字符串中的所有数字字符按顺序提取出来并转换为一个整数，例如，输入“hello，how2 are3 you4！5”，输出结果为整数 2345。

分析：

1）输入一个字符串到字符数组 s 中。

2）遍历字符数组 s 中的字符 c，如果字符 c 为数字字符，即 c >= '0 '&&c <= '9 '，则将数字字符转换为对应的整数，转换的方法为：用数字字符减去字符 0，即 m = c - '0 '，在计算最终结果 n 时，可以采用 n = n * 10 + m 的方法，即每出现一个数字就让原来的数字乘以 10 加上该数字，其中 n 的初值为 0。

3）输出最终结果 n。

程序代码：

```
#include "stdio.h"
#include "string.h"
main()
{
    char c,s[80];
    long n=0;
    int m,i=0;
    printf("\n 请输入一个带有数字的字符串:");
    gets(s);
    while((c=s[i])!='\0')
    {
        if(c>='0'&& c<='9')
        {
            m=c-'0';
            n=n*10+m;
        }
        i++;
    }
    printf("提取的数字为: %ld\n",n);
}
```

运行上面的程序，输入：

```
Hello1 how2 are3 you4,wel5come.
```

输出结果为：

```
提取的数字为: 12345
```

思考：

1）在上面程序中，为什么把最终数字的变量 n 定义为长整型？如果定义为整型，会出现什么问题。

2）遍历字符数组时，除了使用字符串结束标志'\0'方法外，还可以使用什么条件遍历一个字符数组？

7.5 数组作为函数参数

数组作为函数参数的应用非常广泛。数组作为函数参数主要有两种情况，一种是数组元素作为函数的实参，另一种是数组作为函数参数。

1. 数组元素作为函数实参

数组元素就是下标变量，它与普通变量并无区别。因此数组元素作为函数实参使用与普通变量是完全相同的，在发生函数调用时，把作为实参的数组元素的值传送给形参，实现单向的值传送。

【例 7-12】 输入 10 个整数，放入数组，求数组的最大值。

分析：

1）利用 for 循环输入 10 个整数，放入数组 a。

2）在求最大值时，多次用假定的最大值 m 和其他元素比较，因此编写一个计算两个数最大值的函数 max(int a, int b)。

3）在 main 函数中调用 max 函数，依次比较假定的最大值 m 和第 i 个元素，求最大值。

程序代码：

```
#include "stdio.h"
int max(int a,int b)                    //计算两个数的最大值
{
    if(a>b)
        return a;
    else
        return b;
}
main()
{
    int i,m,s[10];
        for(i=0;i<10;i++)
    {
        scanf("%d",&s[i]);
        printf("%5d",s[i]);
    }
    m=s[0];                             //假定第 1 个元素为最大值
    for(i=0;i<10;i++)
        //计算假定最大值 m 和 s[i]的最大值,将结果作为最大值
        m=max(m,s[i]);
```

```
    printf("\n最大值为:%d\n",m);
}
```

运行程序，输入下面的整数：

```
67  30  37  38  26  17  55   8  70  34
```

输出结果为：

```
最大值为:70
```

上例中首先定义一个计算两个数最大值的函数 max。在 main 函数中用 for 循环语句调用 max 函数，并把假定最大值 m 传送给形参 a，s[i]的值传送给形参 b，供 max 函数使用。

2. 数组名作为函数参数

数组名作为函数参数与数组元素作为实参有以下几点不同。

1）数组元素作为实参时，只要数组类型和函数的形参变量的类型一致，作为下标变量的数组元素的类型就和函数形参变量的类型是一致的。因此，并不要求函数的形参也是下标变量。也就是说，对数组元素的处理是按普通变量对待的。用数组名作函数参数时，则要求形参和相对应的实参都必须是类型相同、维数相同的数组，都必须有明确的数组说明。当形参和实参不一致时，即会发生错误。

2）在普通变量或下标变量作为函数参数时，形参变量和实参变量是值传递，即在函数调用时，将实参的值传送给对应的形参变量，如果在函数内部对形参进行修改，不会影响实参的值。在用数组名作函数参数时，是地址传递，即实参数组不是把每一个元素的值都赋予形参数组的各个元素，而是将实参数组的首地址赋予形参数组名。形参数组名取得该首地址之后，实际上和实参数组为同一数组，因此，在函数内部对形参数组的任何修改都会直接影响实参数组的内容。

【例 7-13】编写程序，将数组的内容首尾对调，并输出对调前后数组的内容。

分析：

1）由于程序中两次输出数组内容，因此需要编写一个输出一个数组内容的函数。

2）编写一个函数，将数组内容对调，对调思路在前面已经介绍，即 n 个数需要 n/2 次对调，第 i 个元素和第 n-1-i 个元素对调。

程序代码：

```
#include "stdio.h"
void output(int a[],int n)          //参数:a[]为输出的数组,n为数组元素个数
{
    int i;
    for(i=0;i<n;i++)
        printf("%5d",a[i]);
    printf("\n");
}
void convert(int a[],int n)         //参数:a[]为对调的数组,n为数组元素个数
```

```
{
    int i,t;
    for(i=0;i<n/2;i++)
    {
        t=a[i];
        a[i]=a[n-1-i];
        a[n-1-i]=t;
    }
}
main()
{
    int a[10],i;
    printf("\n 请输入 10 个整数:");
    for(i=0;i<10;i++)
        scanf("%d",&a[i]);
    printf("\n 对调前的数组为:\n");
    output(a,10);
    convert(a,10);
    printf("\n 对调后的数组为:\n");
    output(a,10);
}
```

运行上面的程序，输入：

```
10   9   8   7   6   5   4   3   2   1
```

输出结果为：

```
对调前的数组为:
10   9   8   7   6   5   4   3   2   1
对调后的数组为:
1   2   3   4   5   6   7   8   9   10
```

数组名作为函数参数，应注意以下几点。

1）实参数组与形参数组的类型和维数要一致。

2）实参数组与形参数组的大小可以不一致。C 语言编译时不检查形参大小，如果要得到实参的全部元素，则形参数组应不小于实参数组。

3）一维形参数组可以不指定大小，在定义数组时，在数组名后跟一个空的方括号。为了满足被调函数中处理数组的需要，可另设一个参数来传递数组元素的个数。

4）二维数组作为函数形参时，只有第一维的大小可以省略，第二维的大小必须指定。

7.6 精彩案例

本节主要介绍有关数组和字符串的一些精彩案例，具体包括身份证号校验、字符串连接、删除字符和统计单词个数 4 个案例。

7.6.1 身份证号的奥秘

【例 7-14】输入一个 18 位的身份证号，验证身份证号是否正确。

分析：

1）输入身份证号到一个字符数组中。

2）通过循环将前 17 位数字字符转换成数字，并将各位数字乘以对应的运算基数，将前 17 位数字运算结果的和放入变量 sum。

3）将运算结果 sum 对 17 求余，并根据余数计算第 18 位的数字或字符。

4）通过比较运算完的 18 位结果和输入的第 18 位字符是否相同，判断身份证号是否正确。

程序代码：

```
#include "stdio.h"
#include "string.h"
void main()
{
    int i;                      /*身份证的第 i 位*/
    char s1[18];                /*身份证字符串*/
    int s;                      /*存放每位数字字符对应的整数*/
    int t[17];                  /*各位相乘后的数组*/
    int m;                      /*余数*/
    int t18;                    /*身份证的第 18 位 0--9*/
    char t18c = '';             /*身份证的第 18 位 X*/
    long int sum = 0;
    int error = 0;              /*是否出错,0 表示无错误,1 表示有错误*/

    printf("请输入 18 位身份证号:");
    gets(s1);
    if(strlen(s1) != 18)
    {
        printf("身份证号位数不正确");
        return;
    }

    for(i = 0;i < 17;i ++)
    {
```

```
            s = s1[i] - '0';                //将前 17 位数字由字符型转换为对应的数字
            switch(i + 1)
            {
    /* 身份证的 1 到 17 位要乘的数依次是 7 9 10 5 8 4 2 1 6 3 7 9 10 5 8 4 2  */
                case 1:t[i] = s * 7;break;
                case 2:t[i] = s * 9;break;
                case 3:t[i] = s * 10;break;
                case 4:t[i] = s * 5;break;
                case 5:t[i] = s * 8;break;
                case 6:t[i] = s * 4;break;
                case 7:t[i] = s * 2;break;
                case 8:t[i] = s * 1;break;
                case 9:t[i] = s * 6;break;
                case 10:t[i] = s * 3;break;
                case 11:t[i] = s * 7;break;
                case 12:t[i] = s * 9;break;
                case 13:t[i] = s * 10;break;
                case 14:t[i] = s * 5;break;
                case 15:t[i] = s * 8;break;
                case 16:t[i] = s * 4;break;
                case 17:t[i] = s * 2;break;
            }
            sum = sum + t[i];

        }
        printf("前 17 位相乘后的和为% ld\n",sum);
        m = sum%17;
        printf("对 17 取余后的值位:",m);
        switch(m)
        {
    /* 各个余数所对应第 18 位身份证号 1 0 X 9 8 7 6 5 4 3 2 */
            case 0:t18 = 1 ;break;
            case 1:t18 = 0 ;break;
            case 2:t18c = 'X';break;
            case 3:t18 = 9 ;break;
            case 4:t18 = 8 ;break;
            case 5:t18 = 7 ;break;
            case 6:t18 = 6 ;break;
            case 7:t18 = 5 ;break;
            case 8:t18 = 4 ;break;
            case 9:t18 = 3 ;break;
            case 10:t18 = 2 ;break;
```

```
        default:
            printf("这不是一个合法的身份证号码");
            error = 1;
    }
    if(error == 0)
    {
        if(t18 == s1[17] - '0' || (t18c == 'X' && (s1[17] == 'x' || s1[17] == 'X')))
        {
            error = 0;
        }
        else
        {
            error = 1;
        }
    }
    if(error == 0)
    {
        printf("您的身份证号合法\n");
    }
    else
    {
        printf("您的身份证号不合法\n");
    }
    printf("\n");
}
```

7.6.2 字符串连接

【例 7-15】不用 strcat 库函数，编写一个将字符串 2 连接到字符串 1 的程序（可以使用 strlen 函数）。

分析：

1）分别输入两个字符串到字符数组 s1 和 s2 中。

2）用 strlen 函数计算 s1 的长度 n。

3）遍历字符数组 s2，并将其中的字符放入 s1[n + i]。

程序代码：

```
#include "stdio.h"
#include "string.h"
void my_cat(char s1[],char s2[])
{
    int n,i;
```

```
        n = strlen(s1);
        for(i = 0;s2[i]! = '\0 ';i ++)
            s1[n + i] = s2[i];
        s1[n + i] = '\0 ';//为字符串 s1 添加结束标志符
}
main()
{
        char s1[80],s2[80];
        printf("\n 请输入字符串 1:");
        gets(s1);
        printf("\n 请输入字符串 2:");
        gets(s2);
        my_cat(s1,s2);
        printf("\n 连接后的结果为:%s\n",s1);
}
```

运行上面的程序，输入：

```
Hello
how are you!
```

输出结果为：

```
连接后的结果为:Hello how are you!
```

7.6.3 删除字符

【例 7-16】用户输入一个字符串和一个字符，删除字符串中用户输入的字符。例如，输入字符串“****A*BC*DEF*G*******”，输入删除字符*，删除后，字符串中的内容则应当是 ABCDEFG。

分析：

1）输入一个字符串到字符数组 s 中。

2）编写函数 deletechar，函数的参数为一个字符数组 s 和一个指定的字符 c。

3）在 deletechar 函数中，用变量 n 遍历字符数组 s，由于指定字符将被删除，因此后续字符将被前移，所以用一个变量 p 表示现在保存字符的位置。在遍历过程中如果 s[n]! = c，则 s[p] = s[n]，并将 p 加 1。

程序代码：

```
#include "stdio.h"
void deletechar(char s[],char c)//参数:s 存放字符串,c 为要删除的字符
{
    int n,p = 0;
```

```
        for(n = 0;s[n]! = '\0 ';n ++ )
            if(s[n]! = c)
            {
                s[p] = s[n];
                p ++ ;
            }
        s[p] = '\0 ';                    //给字符数组添加结束标志符
    }
    main()
    {
        char s[80],c;
        printf(" \n 请输入一个字符串:");
        gets(s);
        printf(" \n 请输入要删除的字符:");
        c = getchar();
        deletechar(s,c);
        printf(" \n 删除后的结果为:% s\n",s);
    }
```

运行上面的程序，输入：

```
Hello how are you doing now?
O
```

输出结果为：

```
删除后的结果为:Hell hw are yu ding nw?
```

7.6.4 统计单词个数

【例 7-17】输入一个字符串，统计其中单词的个数，单词之间用一个或多个空格隔开。例如，输入“welcome　to　C　world”，统计结果为 4。

分析：

1）输入一个字符串到字符数组 s 中，输入一个字符到 C 中。

2）定义 int count_words(char s[]）函数，用于统计字符数组 s 中单词的个数。

3）统计单词的方法为：前一个字符是空格并且当前字符不是空格，即为一个单词，由于第一个单词之前可能没有空格，所以单词开始标记 start 初始值为 1，表示前一个字符是空格。

4）在 count_words 函数中，定义单词开始标记 start = 1，遍历数组 s 中的字符，如果当前字符不是空格且前一个字符是空格（start == 1），则单词计数变量 count ++，且将 start = 0（已经不是单词开始）；如果该字符是空格，则将 start = 1。

程序代码：

```
#include "stdio.h"
int count_words(char s[])
{
    int start=1,count=0,n;
    for(n=0;s[n]!='\0';n++)
        if(s[n]!=' ')//如果当前字符不是空格
        {
            if(start==1)//并且前一个字符是空格
            {
                count++;
                start=0;
            }
        }
        else//当前字符为空格,表示下一个字符的前一个字符为空格
            start=1;
    return count;

}
main()
{
 char s[80];
 int count;
 printf("\n请输入一个字符串:");
 gets(s);
 count=count_words(s);
 printf("\n\"%s\"共有 %d 个单词\n",s,count);
}
```

运行上面的程序，输入：

```
Hello what are you doing now?
```

输出结果为：

```
"Hello what are you doing now?" 共有 6 个单词
```

本章小结

本章介绍了一维数组、二维数组、字符数组的定义和应用以及常见的字符串函数的应用，并介绍了数组作为函数参数的定义和调用方法。

一维数组主要用来表示线性结构的数据，比如学生成绩。二维数组主要用来表示表格结构，比如数学中的矩阵、学生的5科成绩等。字符数组主要用来表示字符串，比如，一段

文字。

关于数组的应用，应该注意以下几点。

1）数组的定义方法为：

存储类型 类型标识符 数组名[下标][下标]…

其中下标必须为常量或常量表达式。

2）数值型数组在输入/输出时，必须通过循环方式，而字符数组可以通过 gets、puts、scanf、printf 函数实现输入/输出。

3）数组必须先声明后使用。

常见的字符串库函数包括 strlen、strcpy、strcat、strcmp、strlwr、strupr 函数，这些函数都定义在 string. h 函数库中。

数组作为函数参数时，分成以下两种情况。

1）数组元素作为函数参数和普通的变量参数没有区别，是单向的值传递。

2）数组名作为函数参数时，形参和实参要求必须都是数组，且类型和维数必须一致，同时数组的第一维长度可以省略，参数的传递方式为地址传递。

通过对本章的学习，读者应该掌握一维数组、二维数组、字符数组以及常见的字符串函数的应用，并掌握数组作为函数参数的定义和调用方法。

习题

一、选择题

1. 在 C 语言中，引用数组元素时，其数组下标的数据类型可以是________。

A. 整型常量　　B. 整型表达式

C. 整型常量或整型表达式　　D. 任何类型表达式

2. 若有说明“int a[10];”，则对 a 数组元素的正确引用是________。

A. a[10]　　B. a[3，5]

C. a(5)　　D. a[10 - 10]

3. 若二维数组 a 有 m 列，则在 a[I][j]前的元素个数为________。

A. j * m + I　　B. I * m + j

C. I * m + j - 1　　D. I * m + j + 1

4. 下列各语句定义了数组，其中不正确的是________。

A. char a[3][10] = {"China","American","Asia"};

B. int x[2][2] = {1,2,3,4};

C. float x[2][] = {1,2,4,6,8,10};

D. int m[][3] = {1,2,3,4,5,6};

5. 判断字符串 s1 是否大于字符串 s2，应当使用________。

A. if(s1 > s2)　　B. if(strcmp(s1,s2) < 0)

C. if(strcmp(s2,s1) > 0)　　D. if(strcmp(s1,s2) > 0)

6. 下面程序的运行结果是________。

A. SSW *　　B. SW *　　C. SW * A　　D. SW

```
#include <stdio.h>
main()
{
    char str[] = "SSSWLIA",c;
    int k;
    for(k=2;(c=str[k])!='\0';k++)
    {
        switch(c)
        {
            case 'I': ++k;break;
            case 'L':continue;
            default:putchar(c);continue;
        }
        putchar('*');
    }
}
```

二、编程题

1. 有一个包含 10 个整数的数组，编写函数 max，找出这个数组中的最大值。

2. 编写程序打印如下杨辉三角形。

1

1 1

1 2 1

1 3 3 1

1 4 6 4 1

1 5 10 10 5 1

1 6 15 20 15 6 1

3. 输入一行文字，要求将其中的每个单词的首字母由小写改为大写，单词之间用一个或多个空格隔开。注意，如果该单词的首字符不是字母或已经是大写字母就不用改了。例如，输入“Hello my telephone number is 34567”，输出结果为“Hello My Telephone Number Is 34567”。

第8章　指　　针

指针是C语言中广泛使用的一种数据类型，也是C语言的精华。利用指针变量，可以表示各种数据结构；并能很方便地访问数组和字符串；能像汇编语言一样处理内存地址，从而编出精练而高效的程序。指针极大地丰富了C语言的功能。指针是C语言学习中最重要的一环，正确理解和使用指针是掌握C语言的一个标志。同时，由于指针使用比较灵活，概念较复杂，初学者往往感到较难理解，使用不好反而会带来一些麻烦，因此，初学者在学习中除了要正确理解其基本概念，还必须多编程，多上机调试程序，以体会指针的概念及使用方法。

本章重点：

- 指向变量指针的应用。
- 指向数组指针的应用。
- 指向字符串指针的应用。
- 指针作为函数的参数。

8.1　指针与指针变量

指针是C语言中的重要概念，也是C语言程序设计灵活的又一体现。本节主要介绍指针的概念和指针变量。

8.1.1　指针的概念

在计算机中，所有的数据都是存放在存储器中的，一般把存储器中的一个字节称为一个内存单元，不同的数据类型所占用的内存单元数不等。为了正确地访问这些内存单元，必须为每个内存单元编上号。根据一个内存单元的编号即可准确地找到该内存单元。内存单元的编号也叫作内存地址。由于根据内存单元的编号或地址就可以找到所需的内存单元，因此通常也把这个地址称为指针。内存单元的指针和内存单元的内容是两个不同的概念。可以用一个通俗的例子来说明它们之间的关系，例如到宾馆去住宿时，宾馆的房间号就可以理解为指针，即入住客人的地址，入住的客人就是这个地址里的内容。对于一个内存单元来说，单元的地址即为指针，其中存放的数据才是该单元的内容。在C语言中，允许用一个变量来存放指针，这种变量称为指针变量。因此，一个指针变量的值就是某个内存单元的地址或称为某内存单元的指针。如有下列定义：

```
int a = 100;
char b = 'A', c = 'a';
float x = 198.76;
```

因为变量 a 为整型变量，所以在内存中占 2 个字节，存储内容为 100；变量 b，c 为字符型变量，所以在内存中各占 1 个字节，由于 'A' 的 ASCII码为 65，'a' 的 ASCII 码为 97，因此变量 b、c 的存储内容分别为 65 和 97；变量 x 为 float 型数据，所以在内存中占 4 个字节，存储内容为 198.76。这些变量在内存中的存储结构如图 8-1 所示。

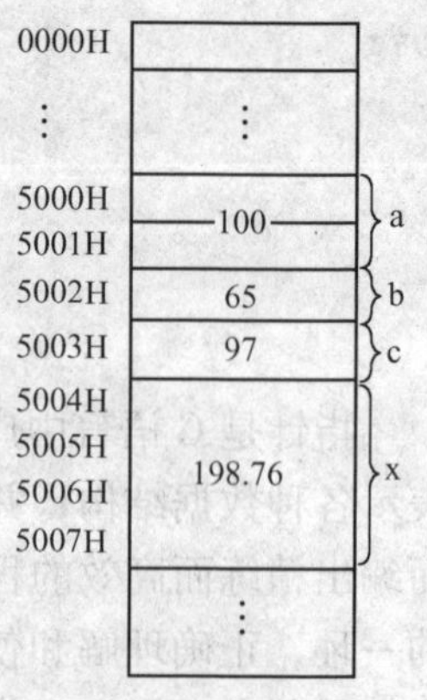

图 8-1 存储空间分配示意图

严格地说，一个指针是一个内存地址，上述例子中变量 a 的存储地址是 5000H，变量 b 的存储地址是 5002H，变量 c 的存储地址是 5003H，变量 x 的存储地址是 5004H，这些地址都可以理解为一个指针。

一个指针变量可以被赋予不同的指针值，但我们常把指针变量简称为指针。为了避免混淆，约定：“指针”是指地址，是常量，“指针变量”是指取值为地址的变量。定义指针的目的是为了通过指针去访问内存单元。

既然指针变量的值是一个地址，那么这个地址不仅可以是变量的地址，也可以是其他数据结构的地址，例如数组、结构体、函数等。在一个指针变量中存放一个数组、结构体或一个函数的首地址，有何意义呢？因为数组、结构体或函数都是连续存放的，通过访问指针变量便取得了数组、结构体或函数的首地址，也就找到了该数组、结构体或函数。这样，凡是出现数组、结构体或函数的地方都可以用一个指针变量来表示，只要该指针变量中赋予数组、结构体或函数的首地址即可，这样将会使程序的概念十分清楚，程序本身也精练，高效。

在 C 语言中，一种数据类型或数据结构往往都占有一组连续的内存单元。用“地址”这个概念并不能很好地描述一种数据类型或数据结构，而“指针”虽然实际上也是一个地址，但它却是一个数据结构的首地址，它是“指向”一个数据结构的，因而概念更为清楚，表示更为明确。这也是引入“指针”概念的一个重要原因。

8.1.2 指针变量的定义与初始化

1. 指针变量的定义

指针变量也应遵循先定义后使用的原则。指针变量的定义与其他变量的定义类似，其定义的一般形式为：

```
类型说明符 *变量名;
```

其中，*表示该变量是一个指针变量，变量名即为定义的指针变量名，类型说明符表示本指针变量所指向的变量的数据类型。

例如，“int *p;”表示 p 是一个指针变量，它的值是某个整型变量或数组的地址。或者说，p 指向一个整型变量或数组。至于 p 究竟指向哪一个整型变量，应由向 p 赋值的地址来决定。

再如：

```
long *p2; //p2 是指向长整型变量的指针变量
float *p3; //p3 是指向浮点型变量的指针变量
char *p4; //p4 是指向字符型变量的指针变量
```

注意：一个指针变量只能指向同类型的变量，如 p3 只能指向浮点变量，不能指向其他类型的变量。

2. 指针运算符与地址运算符

指针变量可以进行某些运算，但其运算的种类是有限的。它只能进行赋值运算和部分算术运算及关系运算。下面简单地介绍与指针引用相关的两个运算符。

（1）取地址运算符 &

取地址运算符 & 是单目运算符，其功能是取变量的地址。在 scanf 函数中，已经了解并使用了 & 运算符。

（2）取内容运算符 *

取内容运算符 * 是单目运算符，用来表示指针变量所指的变量，即取地址里的内容。在 * 运算符之后跟的变量必须是指针变量。需要注意的是，指针运算符 * 和指针变量说明中的指针说明符 * 不是一回事。在指针变量说明中，* 是类型说明符，表示其后的变量是指针类型。而表达式中出现的“ * ”则是一个运算符，用以表示指针变量所指的变量。

例如：

```
main()
{
    int a=5, *p=&a;
    printf ("%d", *p);
}
```

上面的例子中，定义了指针变量 p，指针变量 p 指向整型变量 a 的地址。在“printf("%d",*p);”语句中，*p 表示指针变量指向地址里的内容，即变量 a 的内容。

再如：

```
main()
{
    int a;
    int *p=&a;                              //p 指向整型变量 a 的地址
    scanf("%d",p);                          //向 p 指向的地址输入值
    printf("*p=%d,a=%d", *p, *&a);          //输出 *p 的值和 *&a 的值
}
```

在上例中，指针变量 p 指向整型变量 a 的地址，在 scanf 语句中，地址列表设置为 p，即将输入的值保存到 p 指向的地址中，即变量 a 的值和 *p 的值相同。在 printf 语句中，“*&a”的功能为：取变量 a 的地址里的内容，等价于“printf("*p=%d,a=%d",*p,a);”。因此，运行上面程序时，输入 20 后，输出结果为：

```
*p=20,a=20
```

3. 指针变量的初始化

指针变量定义后，需要为其设置指向的地址。在 C 语言中，可以在定义指针变量时直

接为其设置地址，即指针变量的初始化。

例如：

```
int a = 10, b = 20;
int * pa = &a;                //定义指针型变量 pa 指向整型变量 a 的地址
int * pb = &b;                //定义指针型变量 pb 指向整型变量 b 的地址
```

在上面代码中，指针变量 pa 指向变量 a 的地址，pb 指向变量 b 的地址，因此，pa = &a，* pa = a，pb = &b，* pb = b。

8.1.3 指针运算

指针变量可以进行某些运算，但其运算的种类是有限的。它只能进行赋值运算和部分算术运算及关系运算。

1. 赋值运算

指针变量的赋值运算有以下几种形式。

1）指针变量初始化赋值，前面已作介绍。

2）把一个变量的地址赋予指向相同数据类型的指针变量。

例如：

```
int a = 10, * pa;
pa = &a;                //把整型变量 a 的地址赋予整型指针变量 pa
```

在上面代码中，指针型变量 pa 指向整型变量 a 的地址，此时 * pa 和 a 等价，都表示变量 a 的值，如图 8-2a 所示。

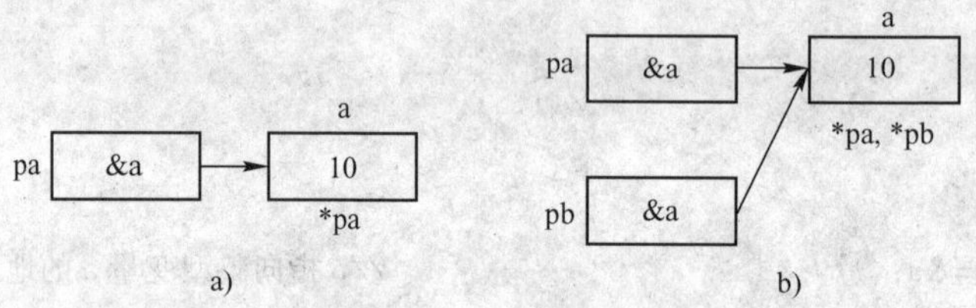

图 8-2 指针地址赋值示意图

3）把一个指针变量的值赋予指向相同类型的另一个指针变量。

例如：

```
int a = 10, * pa = &a, * pb;
pb = pa;                //把 a 的地址赋予指针变量 pb
```

在上面代码中，pa 指向变量 a 的地址，由于 pa、pb 均为指向整型变量的指针变量，因此可以相互赋值，指针变量 pa 保存的地址赋给 pb，即指针 pa、指针 pb 都指向变量 a 的地址，如图 8-2b 所示。

注意：只有类型相同的指针变量才能互相赋值。

4）把数组的首地址赋予指向数组的指针变量。

例如：

```
int a[7], *pa;
pa = a;           //数组名表示数组的首地址,故可赋予指向数组的指针变量 pa
```

也可写为：

```
pa = &a[0];       //数组第一个元素的地址也是整个数组的首地址,也可赋予 pa
```

当然，也可采取初始化赋值的方法：

```
int a[7], *pa = a;
```

在上面的代码中，指针变量 pa 指向数组 a 的首地址，如图 8-3 所示。

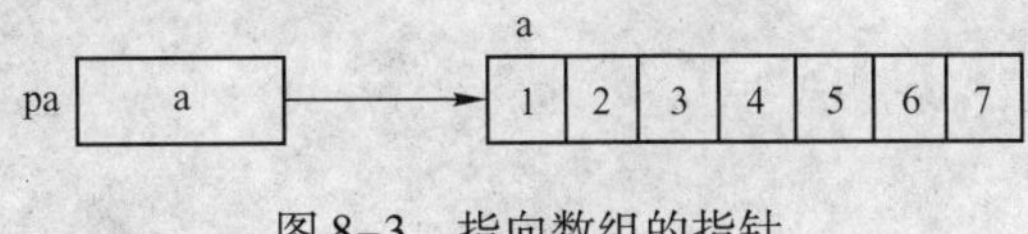

图 8-3　指向数组的指针

5）把字符串的首地址赋予指向字符类型的指针变量。

例如：

```
char *pc;
pc = "C Language";
```

或用初始化赋值的方法写为：

```
char *pc = "C Language";
```

这里应说明的是并不是把整个字符串装入指针变量，而是把存放该字符串的字符数组的首地址装入指针变量。

6）给指针变量赋空值。

当指针变量定义时，它的值是不确定的，因而指向一个不确定的单元，若这时引用指针变量，可能产生不可预料的后果。为了避免这些问题的产生，除了上面介绍的给指针变量赋予确定的地址值外，还可以给指针变量赋空值，说明该指针不指向任何变量。

空指针用 NULL 表示，NULL 是在 stdio. h 头文件中定义的常量，值为 0，在使用时应加上包含文件，例如：

```
#include"stdio.h"
main()
{
    int *p;
    p = NULL;
    …
}
```

注意：指针变量的值不能是常量地址，例如假设整型变量 a 的地址为 5000H，如果想使指针变量 pa 指向 a，只能使用 pa = &a，不能使用 pa = 5000H。

【例 8-1】利用指针的方法，将两个数按由小到大的顺序输出。

分析：

1）定义两个整型变量 a、b，定义对应的两个整型指针变量 * pa、* pb，pa 初始化为变量 a 的地址，pb 初始化为变量 b 的地址。

2）比较 * pa 和 * pb 的大小，如果 * pa 大于 * pb，即 a > b，则 pa 指向变量 b 的地址，pb 指向变量 a 的地址。

3）输出 pa 和 pb 地址中的值。

程序代码：

```
#include "stdio.h"
main()
{
    int a,b;
    int *pa = &a;
    int *pb = &b;
    printf("\n 请输入整数 a 和 b:");
    scanf("%d,%d",pa,pb);
    if( *pa > *pb)
    {
        pa = &b;
        pb = &a;
    }
    printf("\n%d,%d", *pa, *pb);
    printf("\na = %d,b = %d\n",a,b);
}
```

运行上面的程序，输入

```
20,10
```

输出结果为：

```
10,20
a = 20,b = 10
```

在上面的程序中，由于 pa 指向变量 a 的地址，pb 指向变量 b 的地址，因此在 scanf 语句中，地址列表 pa、pb 表示将输入的值放到变量 a 和变量 b 中，因此，scanf 语句等价于“scanf("%d,%d",&a,&b)”；条件“ * pa > * pb”表示如果 pa 地址里的值大于 pb 地址里的值，即等价于 a > b；语句“pa = &b; pb = &a;”表示指针变量 pa 指向 b 的地址，即较小数的地址，pb 指向 a 的地址，即较大数的地址，但变量 a 和变量 b 的值没有改变，如图 8-4a和 8-4b 所示。

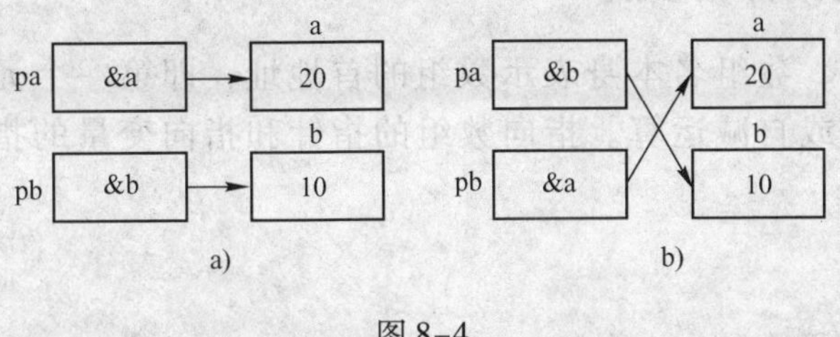

图 8-4

a）比较前　　b）比较后

2. 加减算术运算

对于指向数组的指针变量，可以加上或减去一个整数 n。设 pa 是指向数组 a 的指针变量，则 pa + n，pa - n，pa ++，++ pa，pa --，-- pa 运算都是合法的。

指针变量加或减一个整数 n 的意义是把指针从指向的当前位置（指向某数组元素）向前或向后移动 n 个单元。应该注意，数组指针变量向前或向后移动一个位置和地址加 1 或减 1 在概念上是不同的。因为数组可以有不同的类型，各种类型的数组元素所占的字节长度是不同的，例如，由于整型变量占 2 个字节长度，因此整型指针变量加 1 时，相当于实际地址加 2。如指针变量加 1，即向后移动 1 个单元，表示指针变量指向下一个数据元素的地址，而不是在原地址的基础上加 1。

例如：

```
int a[7], * pa;
pa = a;//pa 指向数组 a,也是指向 a[0]
pa = pa + 2;//pa 指向 a[2],即 pa 的值为 &pa[2]
```

注意：指针变量的加减运算只能对数组指针变量进行，对指向其他类型变量的指针变量作加减运算是毫无意义的。

3. 关系运算

指向同一数组的两指针变量进行关系运算可表示它们所指向的数组元素之间的关系。

例如：pf1 == pf2 表示 pf1 和 pf2 指向同一数组元素；pf1 > pf2 表示 pf1 处于高地址位置；pf1 < pf2 表示 pf1 处于低地址位置。

注意：指针进行关系运算之前，必须指向确定的变量或数组，即指针变量必须有值。此外，只有相同类型的指针才能进行比较。

8.2 指针与数组

在第 7 章已经提到，一个数组是由连续的一块内存单元组成的，数组名就是这块连续内存单元的首地址。一个数组也是由各个数组元素（下标变量）组成的，而每个数组元素也都有自己的地址。根据指针的概念，一个指针变量既可以指向一个数组，也可以指向一个数组元素。由于数组元素在内存中是连续存放的，因此利用指向数组或数组元素的指针变量来使用数组，将更加灵活、方便。

8.2.1 一维数组的指针表示法

在C语言中规定，数组名本身表示数组的首地址，即第一个元素的地址，它是一个常量，不能做自增或自减运算。指向数组的指针和指向变量的指针的定义方法是相同的。

例如：

```
int a[5] = {1,2,3,4,5};
int *p;
p = a;
```

在上面的代码中，第1行定义了一个整型数组a，第2行定义了一个整型指针p，用于指向一个整型数组，第3行将数组a的首地址赋予指针变量p，也可以写为：

```
p = &a[0];
```

如图8-5所示。

注意：数组名a是常量指针，而p是指针变量。两者虽然此时都指向数组首地址，但两者的区别是很明显的。a是常量，在数组定义时，其值已经确定，不能改变，因此，不能进行a++，a--，a=a+2等改变a的值的操作。而p是指针变量，其值可以改变，可以进行p++，p--，p=p+3等操作，分别表示指向当前元素的下一个元素、前一个元素和后边的第3个元素的地址。

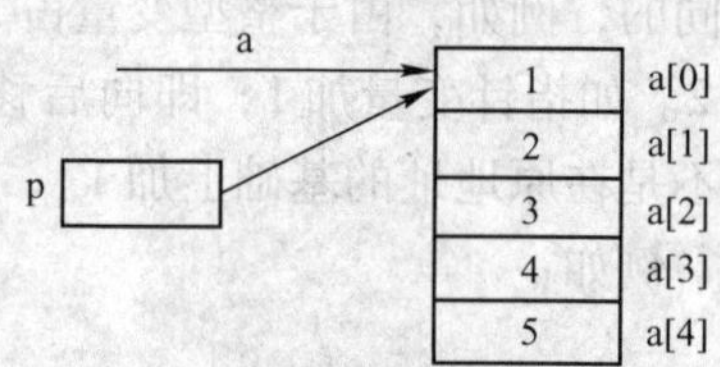

图8-5 指向一维数组的指针

在C语言中，对一维数组的指针有如下规定。

1）p+n与a+n表示数组元素a[n]的地址，即&a[n]。对整个a数组来说，共有5个元素，n的取值为0~4，则数组元素的地址就可以表示为p+0~p+4或a+0~a+4，与&a[0]~&a[4]是等价的。

2）数组元素的表示方法有：a[n]、*(p+n)和*(a+n)，三者是等价的。

3）指向数组的指针变量也可用数组的下标形式表示为p[n]，其效果相当于*(p+n)。

【例8-2】采用指针变量表示的地址法输入/输出数组各元素。

```
#include <stdio.h>
main()
{
    int i,a[10];
    int *p = a;//定义时对指针变量初始化
    printf("\n请输入10个整数:");
    for(i=0; i<=9; i++)
```

```
        scanf("%d", p+i);
    printf("结果为:");
    for(i=0; i<=9; i++)
        printf("%4d", *(p+i));
    printf("\n");
}
```

运行上面的程序，输入：

```
1 2 3 4 5 6 7 8 9 0
```

输出结果为：

```
结果为:1 2 3 4 5 6 7 8 9 0
```

【例 8-3】采用数组名表示的地址法输入/输出数组各元素。

```
main()
{
    int i,a[10];
    int *p=a;                        //定义时对指针变量初始化
    printf("\n 请输入 10 个整数:");
        for(i= 0; i<= 9; i++)
    scanf("%d", a+i);
    printf("结果为: ");
    for(i= 0; i<=9; i++)
        printf("%4d", *(a+i));
    printf("\n");
}
```

运行上面的程序，输入：

```
1 2 3 4 5 6 7 8 9 0
```

输出结果为：

```
结果为:1 2 3 4 5 6 7 8 9 0
```

【例 8-4】用指针表示的下标法输入/输出数组各元素。

```
main()
{
    int i,a[10];
    int *p=a;                        //定义时对指针变量初始化
    printf("\n 请输入 10 个整数:");
```

```
    for(i=0; i<=9; i++)
        scanf("%d", &p[i]);
    printf("结果为: ");
    for(i=0; i<=9; i++)
        printf("%4d", p[i]);
    printf("\n");
}
```

运行上面的程序，输入：

```
1 2 3 4 5 6 7 8 9 0
```

输出结果为：

```
结果为:1 2 3 4 5 6 7 8 9 0
```

【例 8-5】 利用指针法输入/输出数组各元素。

```
main()
{
    int a[10];
    int *p;
    printf("\n 请输入 10 个整数:");
    for(p=a; p<=a+9;p++)
        scanf("%d", p);
    printf("结果为: ");
    p=a;                          //指针变量重新指向数组首址
    for( ;p<=a+9; p++)
        printf("%4d", *p);
    printf("\n");
}
```

运行上面的程序，输入：

```
1 2 3 4 5 6 7 8 9 0
```

输出结果为：

```
结果为:1 2 3 4 5 6 7 8 9 0
```

通过以上各个例子可以看出，对数组元素的访问可以使用下标方法，也可以使用指针方法，它们各有特点。

1）下标法直观，能直接表明访问的是第几个元素，如 a[3]表示数组的第 4 个元素。指针法无法直观地判断当前元素是第几个元素，需要根据指针变量的值来确定，如 *p 无法直观表明是数组的第几个元素。

2）指针法效率高，且操作灵活，能直接根据指针变量的地址访问指向的数组元素。而下标法需要先计算元素下标地址，然后根据地址访问元素的值。

在使用指向一维数组的指针时，应注意以下几点。

1）数组名是常量，不能改变其值，因此无法进行 a ++ 、a -- 、a = a + 2 等操作。

2）利用指针变量访问数组元素时，一定要注意指针变量当前的值，尤其是在循环结构中。

3）指针变量 p ++ ，并不表示真实地址加 1，而是表示存储单元加 1，一个存储单元的字节数是根据不同的数据类型而定的，如 int 型数据的存储单元为 2 个字节，float 型数据为 4 个字节，char 型数据为 1 个字节。在上面的代码中，假定数组 a 的首地址为 5000H，p = a，则 p ++ 后，p 指向 5002H 的内存单元。

4）要注意 * p ++ 和（ * p）++ 的区别。

* p ++ 表示读取 p 指向地址的内容，然后 p 指向下一个元素的地址；（ * p）++ 表示 p 地址里的内容加 1。

例如：

```
int a[5] = {1,3,5,7,9};
int *p = a;
int b;
b = *p ++;
printf("%d,%d",b, *p);
```

在上面的代码中，“b = * p ++ ;”表示先读取 * p（第 0 个元素）的内容赋给变量 b，然后 p ++ ，即当前 p 指向数组的第 1 个元素，因此输出结果为：

```
1,3
```

如果把上面的语句改为：

```
b = ( *p) ++;
```

则表示先将 * p 的内容赋给变量 b，然后 * p 里的内容加 1，即 a[0] = a[0] +1，故此时 a[0]等于 2，而此时 p 仍指向第 0 个元素，因此输出结果为：

```
1,2
```

8.2.2 二维数组的指针表示法

1. 二维数组地址的表示方法

由于二维数组也是按数组元素排列的一个连续的存储空间，因此，二维数组也可以用指针来表示。

设有整型二维数组 a[3][4]如下：

```
    0   1   2   3
    4   5   6   7
    8   9   10  11
```

在第7章中介绍过，C语言允许把一个二维数组分解为多个一维数组来处理，因此数组a可分解为三个一维数组，即a[0]、a[1]、a[2]，也就是说，可以将a[0]、a[1]、a[2]理解为数组名，因此，a[0]、a[1]、a[2]分别表示第0行元素、第1行元素和第2行元素的首地址。每一个一维数组又含有四个元素，例如a[0]数组，含有a[0][0]、a[0][1]、a[0][2]、a[0][3]四个元素。

a是二维数组名，也是二维数组第0行的首地址，即等价于a[0]或&a[0][0]。a[0]是第一个一维数组的数组名和首地址，根据一维数组的表示方法可知，*(a+0)与a[0]等效的，它表示一维数组a[0]的首地址。同理，*(a+1)或a[1]是二维数组第1行的首地址，*(a+2)或a[2]是二维数组第2行的首地址，如图8-6所示。

	a[i]+0	a[i]+1	a[i]+2	a[i]+3
a[0] *(a+0)	a[0][0] 0	a[0][1] 1	a[0][2] 2	a[0][3] 3
a[1] *(a+1)	a[1][0] 4	a[1][1] 5	a[1][2] 6	a[1][3] 7
a[2] *(a+2)	a[2][0] 8	a[2][1] 9	a[2][2] 10	a[2][3] 11

图8-6　二维数组的地址表示

数组元素的地址如何表示呢？根据前面一维数组地址的表示方法可知，数组元素的地址表示法为：数组名+数组的下标，因此，第0行的第0个元素的地址可以表示为a[0]+0或*(a+0)+0，第0行的第1个元素的地址可以表示为a[0]+1或*(a+0)+1，第0行的第2个元素的地址表示为a[0]+2或*(a+0)+2，第1行的各个元素的地址类似地可以表示为a[1]+0或*(a+1)+0、a[1]+1或*(a+1)+1、a[1]+2或*(a+1)+2，即第i行的第j列元素的地址可以表示为a[i]+j或*(a+i)+j。

现在已经知道二维数组各个元素的地址表示方法，数组元素的值就可以很容易地表示出来了，根据指针的概念，如果知道一个地址后，使用*运算符即可取地址的内容，也就是说，a[0][0]可以表示为*(a[0]+0)或*(*(a+0)+0)，a[0][1]可以表示为*(a[0]+1)或*(*(a+0)+1)，a[i][j]可以表示为*(a[i]+j)或*(*(a+i)+j)，这就是二维数组的指针表示方法。

【例8-6】用指针方式输入/输出二维数组各元素。

```
#include <stdio.h>
main()
{
    int a[3][4];
    int i,j;
    printf("\n 请输入 12 个整数:");
    for(i=0; i<3; i++)
        for(j=0; j<4; j++)
```

```
            scanf("%d",a[i]+j);                //第i行第j列元素的地址
        printf("\n");
    for(i=0; i<3; i++)
    {
        for(j=0; j<4; j++)
            printf("%4d", *(*(a+i)+j));        //*(*(a+i)+j)表示第i行第j列元素
        printf("\n");
    }
}
```

运行上面的程序，输入：

```
0 1 2 3 4 5 6 7 8 9 10 11
```

输出结果为：

```
0  1  2  3
4  5  6  7
8  9  10 11
```

在上例中，scanf 语句中使用 a[i]+j 表示第 i 行第 j 列元素的地址，也可以改为 *(a+i)+j。printf 语句输出数组元素的值时，也可以将 *(*(a+i)+j) 改为 *(a[i]+j)。

下面总结一下二维数组元素值的表示方法。

1）下标表示方法：a[i][j]。

2）指针表示方法：*(*(a+i)+j)。

3）行数组用下标表示方法：*(a[i]+j)。

4）列用下标表示方法：(*(a+i))[j]。

2. 指向二维数组的指针变量

指向二维数组的指针变量有两种情况：一是直接指向数组元素的指针变量，二是指向一个含有 m 个元素的一维数组。

（1）指向数组元素的指针变量

这种变量的定义与普通指针变量的定义相同，其类型与二维数组类型相同。

【例 8-7】 用指向二维数组的指针方法输入/输出二维数组各元素。

```
#include <stdio.h>
main()
{
    int a[3][4], *p;
    int i,j;
    p=a[0];
    printf("\n 请输入 12 个整数:");
```

```
    for(i =0; i <3; i ++)
        for(j =0; j <4; j ++)
            scanf("%d", p ++);//指向二维数组的指针表示方法
    p = a[0];
    printf("\n");
    for(i =0; i <3; i ++)
    {
        for(j =0; j <4; j ++)
            printf("%4d", *p ++);
        printf("\n");
    }
}
```

运行上面的程序，输入：

```
0  1  2  3  4  5  6  7  8  9  10  11
```

输出结果为：

```
0  1  2  3
4  5  6  7
8  9  10  11
```

在上面的程序中，由于 a 是一个二维数组，数组各个元素的地址是连续的，因此可以通过指针变量 p ++ 的方式访问数组的各个元素。在输入语句完成后，由于指针变量 p 已经指向二维数组 a 的末尾，因此，在输出时必须重新设置 p 的地址为二维数组 a 的首地址，即 p = a[0]。

对指针法而言，程序可以把二维数组看作展开的一维数组，因此，上面的程序可以改为：

```
main()
{
    int a[3][4], *p;
    int i;
    p = a[0];
    printf("\n请输入 12 个整数:");
    for(i =0; i <12; i ++)
        scanf("%d", p ++);              // 指针的表示方法
    p = a[0];
    printf("\n");
    for(i =0; i <12;i ++)
    {
        printf("%4d", *p ++);
        if(i%4 ==3)printf("\n");        //实现每行显示 4 个数的功能
```

```
    }
    printf("\n");
}
```

输出结果同例 8-7。

(2) 指向一维数组的指针（也称行指针）

利用行指针可以指向一个二维数组，行指针定义的一般形式为：

```
类型说明符 (*指针变量名)[长度];
```

其中，类型说明符为所指数组的数据类型；*表示其后的变量是指针类型；长度表示二维数组分解为多个一维数组时，一维数组的长度，也就是二维数组的列数。应注意“(*指针变量名)”两边的括号不可少，如缺少括号，则表示是指针数组（本章后面介绍），意义就完全不同了。

例如：

```
int (*p)[4];
```

表示 p 是一个指针变量，它指向包含 4 个元素的一维数组。若指向第一个一维数组a[0]，其值等于 a、a[0]或 &a[0][0]。而 p+i 则指向一维数组 a[i]。从前面的分析可得出，*(p+i)+j是二维数组 i 行 j 列的元素的地址，而*(*(p+i)+j)则是 i 行 j 列元素的值。

【例 8-8】 用指向一维数组的行指针实现二维数组的输出。

```
main()
{
    int a[3][4] = {0,1,2,3,4,5,6,7,8,9,10,11};
    int (*p)[4];
    int i,j;
    p = a;
    for(i = 0;i < 3;i ++)
    {
        for(j = 0;j < 4;j ++)
            printf("%4d", *(*p + j));        //输出当前行的第 j 列元素
        p ++;                                  // 指向下一行
        printf("\n");
    }
}
```

注意： 在例 8-6 中，由于 p 是一个简单的指针变量，因此每输出一个元素后，指针变量 p 都应该加 1，即 p++；而在本例中，由于 p 是一个指向二维数组一行的指针，因此，p 是一个二级指针，p 的单位为行，故 p++的含义为将 p 的指针指向下一行。

8.3 指针与字符串

8.3.1 字符串的指针表示方法

在第 7 章用了字符数组，即通过数组名来表示字符串，数组名就是数组的首地址，是字符串的起始地址。例如：

```
char c[] = "Hello";
```

定义了一个字符数组 c，并赋初值“Hello”，利用 gets 和 puts 函数可以对字符数组进行整体输入/输出，也可以利用 c[0]、c[1]等单独引用字符数组的内容。字符数组 c 在内存中的存储分配如图 8-7 所示。

c+0 →	H	c[0]*(c+0)
c+1 →	e	c[1]*(c+1)
c+2 →	l	c[2]*(c+2)
c+3 →	l	c[3]*(c+3)
c+4 →	o	c[4]*(c+4)
c+5 →	\0	c[5]*(c+5)

图 8-7　字符数组存储方式

现在，将字符数组的名赋予一个指向字符类型的指针变量，让字符类型指针指向字符串在内存中的首地址，对字符串的表示就可以用指针实现。

指向字符串的指针的定义形式为：

```
char *指针变量名;
```

例如：

```
char c[] = "hello";
char *p = c;
```

这样，字符串 c 就可以用指针变量 p 来表示了，其中 p + i 等价于 c + i，表示第 i 个字符的地址，因此，可以用 *(p + i)或 *(c + i)表示第 i 个字符，如图 8-7 所示。

在使用指向字符串的指针时，同样需要指针先指向一个地址，然后才能对指针变量进行输入、输出等操作，例如：

```
char *s;
gets(s);
```

上面的语句是错误的，因为在输入字符串前，s 并没有指向一个连续的内存空间，因此，无法实现字符串的输入功能。

下面通过实例说明如何利用指针来对字符串进行操作。

【例 8-9】编写程序，利用指针的方式，将一个字符串中的指定字符替换为另一个字符。

分析：

1）输入一个字符串 s、一个被替换字符 c1 和一个替换字符 c2。

2）将字符串 s 的首地址赋给字符指针 p。

3）通过 p++的方式遍历字符串，判断当前字符 *p 是否等于 c1，如果等于 c1，则将

* p 的内容修改为 c2。

程序代码：

```
#include <stdio.h>
#include <string.h>
main()
{
    char s[80],c1,c2;
    char *p=s;
    printf("\n 请输入一个字符串:");
    gets(s);
    printf("\n 请输入被替换字符 c1 和替换字符 c2:");
    scanf("%c,%c",&c1,&c2);
    while(*p!='\0')              //遍历字符串
    {
        if(*p==c1)               //判断当前字符是否为 c1
            *p=c2;
        p++;                     //指向下一个字符地址
    }
    puts("\nresult:");
    puts(s);
}
```

运行上面的程序，输入：

```
Hello how are you!
o, *
```

输出结果为：

```
Hell* h*w are y*u!
```

思考：在上面程序的最后输出字符串时，能否将“puts(s)”；语句改为“puts(p);”？

【例 8-10】用指向字符串的指针变量实现两个字符串的合并功能。

分析：

1）输入两个字符串 s1、s2。

2）定义指针变量 ps1 和 ps2，分别指向 s1 和 s2。

3）用循环查找“\0”的方式将 ps1 指向字符串 s1 的末尾，然后遍历 ps2 中的所有字符，并将 ps2 的字符连接到 ps1 的末尾。

程序代码：

```
#include <stdio.h>
#include <string.h>
```

```
main()
{
    char s1[50],s2[20];
    char * ps1 = s1, * ps2 = s2;
    printf("\n 请输入字符串 s1:");
    gets(s1);
    printf("\n 请输入字符串 s2:");
    gets(s2);
    printf("\ns1 = %s\ns2 = %s\n", s1, s2);
    while( * ps1! = '\0')                //移动 ps1 指针到字符串 s1 末尾
        ps1 ++;
    while( * ps2! = '\0')                // 将字符串 s2 连接到字符串 s1
        * ps1 ++ = * ps2 ++;
    * ps1 = '\0';                        // 写入串的结束标志
    ps1 = s1; ps2 = s2;                  //重新设置字符指针变量为字符串首地址
    printf("s1 = %s\ns2 = %s\n", ps1, ps2);
}
```

运行上面的程序，输入：

```
I love China!
I love Beijing!
```

输出结果为：

```
s1 = I love China!
s2 = I love Beijing!
s1 = I love China! I loveBeijing!
s2 = I love Beijing!
```

需要注意的是，串连接时，s1 的长度应大于等于 s1 原来的长度与 s2 长度的和。

用字符数组和字符指针变量都可实现字符串的存储和运算，但是两者是有区别的，在使用时应注意以下问题。

1）字符串指针变量本身是一个变量，用于存放字符串的首地址。而字符串本身是存放在以该首地址为首的一块连续的内存空间中并以'\0'作为字符串的结束。字符数组是由若干个数组元素组成的，它可用来存放整个字符串。

2）字符串指针可以直接赋值一个字符串常量，它的含义是：系统将字符串常量保存在内存中，并把字符串常量的首地址赋给字符型指针变量。

例如：

```
char * ps = "C Language";
```

可以写为：

```
char *ps;
ps = "C Language";
```

而数组方式：

```
char st[] = {"C Language"};
```

不能写为：

```
char st[20];
st = {"C Language"};
```

只能对字符数组的各元素逐个赋值或使用 strcpy(st,"C Language") 方式实现。

从以上几点可以看出字符串指针变量与字符数组在使用时的区别，同时也可看出使用指针变量更加方便。前面说过，当一个指针变量在未取得确定地址前使用是危险的，容易引起错误，但是对指针变量直接赋值是可以的，因为在C语言中，必须给指针变量赋一个确定的地址。

因此，

```
char *ps = "C Langage";
```

和

```
char *ps;
ps = "C Language";
```

都是合法的。

8.3.2 字符串数组与指针数组

1. 字符串数组

所谓字符串数组，是指数组中每个元素都是一个存放字符串的数组。那么，存储字符串数组的最佳方式是什么？最直接的方法是创建二维字符数组，然后按照每行一个字符串的方式把字符串存储到数组中。

例如：

```
char lesson[][11] = {"C","C#","Java","Basic","Delphi","Pascal","Visual C++"};
```

其内存存储情况如图 8-8 所示。

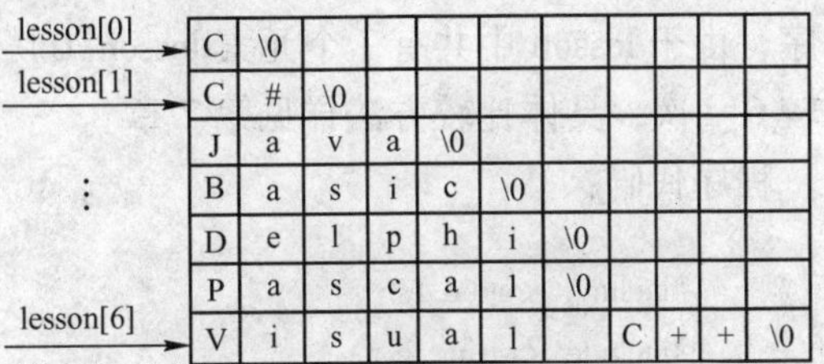

图 8-8 字符串数组存储方式

虽然允许省略 lesson 数组中行的个数（因为这个数很容易从初始化式中元素数量求出），但是C语言要求必须指明列的个数。由于列数必须大于等于最大字符串的存储长度，因此 lesson 数组的列数至少要定义为 11，这就使得数组的很多行填不满一整行，C

语言将用空字符来填补，这样就造成了数组空间的浪费。

如何解决这个问题呢？C语言本身不提供这种长度不等的数组类型，但它提供了模拟这种数组类型的工具，这就是建立一个特殊的数组，这个数组的元素都是指向字符串的指针，即字符型指针数组。

2. 指针数组

指针数组是一个指针变量的集合，即它的每一个元素都是指针变量，且都有相同的存储类别和指向相同的数据类型。

指针数组的定义形式为：

```
类型标识符 *指针数组名[数组长度];
```

例如，下面是lesson数组的另外一种写法，这次定义的是指向字符型数据的指针数组：

```
char *lesson[] = {"C","C#","Java","Basic","Delphi","Pascal","Visual C++"};
```

和二维字符数组相比，只是简单地去掉了一对方括号，并且在lesson前加了一个星号。但是lesson的存储方式却发生了很大变化，后者的存储效果如图8-9所示。

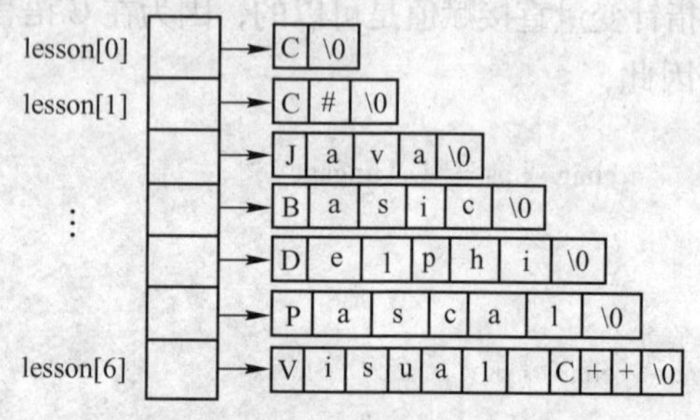

图8-9　指向字符串数组的指针数组存储方式

lesson的每一个元素都指向以空字符结尾的字符串的指针，虽然必须为lesson数组中的指针分配空间，但是字符串中不再有任何浪费的空间。

为了访问lesson中的课程，只需要给出lesson数组的下标，访问lesson中的字符的方式和访问二维数组元素的方式相同。例如，为了在lesson数组中搜寻以字母C开头的字符串，可以使用下面的循环：

```
for(i=0;i<7;i++)
    if(lesson[i][0] == 'C')
        printf("%s 头字母为 with C\n",lesson[i]);
```

【例8-11】 请将上面介绍的lesson指针数组的内容按字母顺序排序。

分析：

前面已经介绍过数值型数组的排序方法，包括冒泡法和选择法，在本例中将采用冒泡法排序，由于lesson中共有7个元素lesson[0]~lesson[6]，因此共需要6轮比较，第i轮需要比较6-i次，具体比较方法详见第7章。

程序代码：

```
#include <stdio.h>
#include <string.h>
```

```
main()
{
    char *lesson[] = {"C","C#","Java","Basic","Delphi","Pascal","Visual C++"};
    char *t;
    int i,j;
    for(i=0;i<7;i++)
        for(j=0;j<6-i;j++)
            //如果前面的字符串比后面的字符串大,交换指针,每轮比较大的字符串沉底
                if(strcmp(lesson[j],lesson[j+1])>0)
                {
                    t=lesson[j];
                    lesson[j]=lesson[j+1];
                    lesson[j+1]=t;
                }
            puts("排序后的结果为:");
        for(i=0;i<7;i++)//输出排序后的字符串
            puts(lesson[i]);
}
```

运行上面的程序，输出结果为：

```
排序后的结果为:
Basic
C
C#
Delphi
Java
Pascal
Visual C++
```

关于字符数组与指针变量，应注意以下几点。

1）字符数组的每个元素可存放一个字符，而字符指针变量存放字符串首地址，千万不要认为字符串是存放在字符指针变量中。

2）对字符数组而言，与普通数组一样，不能对其进行整体赋值，只能给各个元素赋值，而字符指针变量可以直接用字符串常量赋值，但并不表示字符指针保存字符串，只表示字符指针中保存字符串常量的首地址。

例如：

```
char a[10];
char *p;
```

则语句“a = " computer ";”是非法的，因为数组名 a 是一个常量指针，不能对其赋值。但语句“p = "computer";”是合法的。因为字符串常量 computer 是保存在字符数组中，此语

句的含义是将字符串的首地址赋给指针变量 p，而不是将具体的字符串常量赋给 p。

8.4 指针与函数

8.4.1 指针作为函数的形参

1. 指向变量的指针作为函数的形参

在第 6 章已经介绍了函数形参和实参的概念，函数的参数不仅可以是前面讨论过的基本类型，也可以是指针类型。

指针变量作为函数的形参有什么好处呢？前面介绍的基本变量作为形参的最大问题是，在函数体内修改形参的值时对应的实参不会改变。

例如：

```
#include <stdio.h>
void add(int a)
{
    a++;
}
main()
{
        int b=5;
        add(b);
        printf("b=%d",b);
}
```

上面程序运行的结果为 b=5，虽然在 add 函数内已经将形参 a 的值加 1，但是与之对应的实参 b 的值并没有加 1，值还是 5，这就是前面所说的值传递的特点，即单向传递。指针变量作为形参则是地址传递，是一种双向传递，即主调函数将一个存储地址传递给被调函数，在函数体内将传递过来的地址里的值修改后，会影响到与之对应的实参的值。例如，上面的程序进行如下修改：

```
#include <stdio.h>
void add(int *a)
{
    (*a)++;
}
main()
{
        int b=5;
        add(&b);
        printf("b=%d",b);
}
```

上面程序的运行结果为 b = 6。由于 add 函数的形参为指针变量，因此在函数体内将指针变量的值修改后，与之对应的实参 b 的值也随之被修改。

注意：

1）当形参为指针变量时，其对应的实参可以是指针变量或存储单元地址，例如上例的 add（&b），实参为变量 b 的地址。

2）当形参为指针变量时，如果在函数体内修改传递过来的存储地址的内容，会影响实参的值，如上例，实参变量 b 的值被 add 函数修改。

3）当形参为指针变量时，如果在函数体内修改指针形参传递过来的存储地址，不会改变实参指向的地址。

例如：

```
#include <stdio.h>
void swap(int *a,int *b)
{
    int *t;
    t = a;
    a = b;
    b = t;
}
main()
{
    int a = 5,b = 6;
    int *pa, *pb;
    pa = &a;
    pb = &b;
    swap(pa,pb);
    printf("\n*pa = %d, *pb = %d\n", *pa, *pb);
}
```

运行上面的程序，输出结果为：

```
*pa = 5, *pb = 6
```

在上面的程序中，swap 函数的形参为两个指针变量，在函数体内将指针 a 和 b 指向的地址互换，但是函数结束后，实参 pa 还指向变量 a 的地址，实参 pb 还指向变量 b 的地址，因此输出结果仍为 a 和 b 的值，即 *pa = 5，*pb = 6。

那么，如何修改 swap 函数，才能实现将两个数交换呢？根据指针作为形参的特点可知，可以在函数体内交换指针地址里的值，而不是交换其地址。修改后的程序如下：

```
#include <stdio.h>
void swap(int *a,int *b)
```

```
{
    int t;
    t = *a;
    *a = *b;
    *b = t;
}
main()
{
    int a = 5,b = 6;
    int *pa, *pb;
    pa = &a;
    pb = &b;
    swap(pa,pb);
    printf("\n*pa = %d, *pb = %d\n", *pa, *pb);
}
```

运行上面的程序，输出结果为：

```
*pa = 6, *pb = 5
```

思考：在上面的程序中，交换后 main 函数中的变量 a 和变量 b 的值分别是什么？

【例 8-12】 编写一个函数计算一个数组中的最大值和最小值。

分析：

编写函数 maxmin，因为 maxmin 函数的功能为计算数组的最大值和最小值，所以参数必须包含一个数组 a[ ]和数组长度参数 n。由于函数需要返回两个值，而前面介绍的函数只能返回一个值，因此利用指针作为形参能够修改实参的特点，增加两个指针形参 *max、*min，用以保存计算的最大值和最小值，因此 maxmin 函数的形式为：void maxmin（int a[ ]，int n，int *max，int *min）。最大值最小值的计算在前面已经分析过，这里不再分析。这里只需要将计算出来的最大值和最小值直接赋给形参变量 *max 和 *min 即可。

程序代码：

```
#include <stdio.h>
voidmaxmin(int a[ ],int n,int *max,int *min)
{
    int i;
    int tmax;                    //用来保存最大值
    int tmin;                    //用来保存最小值
    tmax = a[0];
    tmin = a[0];
    for(i = 0;i < n;i ++)
    {
        if(tmax < a[i])
```

```
                tmax = a[i];
            else if(tmin > a[i])
                tmin = a[i];
            }
        * max = tmax;
        * min = tmin;
}
main()
{
    int a[10];
    int i;
    int max,min;
    printf("\n 请输入 10 个整数:");
    for(i = 0;i < 10;i ++ )
        scanf("%d",&a[i]);
    maxmin(a,10,&max,&min);
    printf("\nmax = %d,min = %d\n",max,min);
}
```

运行上面的程序，输入：

```
10  15  20  25  30  8  40  80  85  5
```

输出结果为：

```
max = 85,min = 5
```

2. 指向数组的指针作为函数的形参

数组名就是数组的首地址，实参向形参传送数组名实际上就是传送数组的地址，形参得到该地址后也指向同一数组。同样，指针变量的值也是地址，因此，前面介绍的数组作为函数的形参，也可以用指向数组的指针变量代替。在函数体内可以使用下标方式访问数组元素，也可以使用指针方式访问数组元素。

【例 8-13】编写程序，用户输入一个字符串 s，将字符串 s 中下标为奇数的字符删除。例如，当 s 所指字符串中的内容为 siegAHdied，删除后数组中的内容应是 seAde。（主要功能用函数实现）

分析：

1）定义一个函数 deletechar(char ＊s)，s 为主调函数传递的字符串的首地址。

2）再定义一个指针变量 ＊p，p 初始为字符串的首地址，利用指针变量 p 通过结束符"\0"遍历字符串 s，如果下标为偶数，则将当前字符 ＊p 放入 ＊s，并将指针 s 后移一位。

3）为指针 s 添加结束符。

程序代码：

```
#include <stdio.h>
voiddeletechar(char *s)
{
    char *p;
    int i=0;
    p=s;//p初始化为字符串首地址
    while(*p!='\0')
    {
        if(i%2==0)
        {
            *s=*p;
            s++;
        }
        p++;
        i++;
    }
    *s='\0';
}
main()
{
    char s[80];
    printf("\n请输入一个字符串:");
    gets(s);
    deletechar(s);
    puts("\n删除后的字符串为:");
    puts(s);
}
```

运行上面程序，输入：

```
Hello,how are you!
```

输出结果为：

```
删除后的字符串为:Hlohwaeyu
```

在上面的程序中，*p 可以用 p[i]替换。在 C 语言中，如果参数为指针或数组，在函数体内，两者可以互相替换。

3. 指针数组作为函数的形参

在 C 语言中，指针数组也可以作为函数的形参。指针数组作为形参可以简化很多操作。例如，要求输入 5 个国名并按字母顺序排列后输出，在以前的例子中采用了普通的排序方法，逐个比较之后交换字符串的位置。交换字符串的物理位置是通过字符串复制函数 strcpy 完成的。反复的交换将使程序执行的速度很慢，同时由于各字符串的长度不同，又增加了存储管理的负担，用指针数组能很好地解决这些问题。

把所有的字符串存放在一个数组中，把这些字符数组的首地址放在一个指针数组中，当需要交换两个字符串时，只须交换指针数组相应两个元素的内容（地址）即可，而不必交换字符串本身。

【例 8-14】将 5 个国名按字母顺序排序后输出。

分析：

1）定义两个函数：一个名为 sort，完成排序，其形参为指针数组 name，即为待排序的各字符串数组的指针，形参 n 为字符串的个数；另一个函数名为 print，用于排序后字符串的输出，其形参与 sort 的形参相同。

2）在主函数 main 中定义指针数组 name 并初始化赋值，然后分别调用 sort 函数和 print 函数完成排序和输出。

3）在 sort 函数中，对两个字符串的比较采用 strcmp 函数。strcmp 函数允许参与比较的字符串以指针方式出现。name[k]和 name[j]均为指针，因此是合法的。字符串比较后需要交换时，只交换指针数组元素的值，而不交换具体的字符串，这样将大大减少时间的开销，提高运行效率。

程序代码：

```
#include"string.h"
main()
{
    void sort(char *name[],int n);
    void print(char *name[],int n);
    char *name[]={"CHINA","AMERICA","AUSTRALIA","FRANCE","GERMANY"};
    int n=5;
    sort(name,n);
    print(name,n);
}
void sort(char *name[],int n)
{
    char *pt;
    int i,j,k;
    for(i=0;i<n-1;i++)
    {
        k=i;
        for(j=i+1;j<n;j++)
            if(strcmp(name[k],name[j])>0)
                k=j;
            if(k!=i)                //交换指针地址
            {
                pt=name[i];
                name[i]=name[k];
```

```
                name[k] = pt;
            }
        }
    }
    void print(char *name[],int n)
    {
        int i;
        for (i = 0;i < n;i ++)//输出指针数组的内容
            printf("%s\n",name[i]);
    }
```

运行上面的程序，输出结果为：

```
AMERICA
AUSTRALIA
CHINA
FRANCE
GERMANY
```

8.4.2 指针型函数

前面介绍过，所谓函数类型是指函数返回值的类型。在C语言中允许函数的返回值是一个指针（即地址），这种返回指针值的函数称为指针型函数。

定义指针型函数的一般形式为：

```
类型说明符 *函数名(形参表)
{
…//函数体
}
```

其中，函数名之前加了“*”号表明这是一个指针型函数，即返回值是一个指针。类型说明符表示了返回的指针值所指向的数据类型。

例如：

```
int *fun(int x,int y)
{
    …//函数体
}
```

表示fun是一个返回指针值的指针型函数，它返回的指针指向一个整型变量。

【例8-15】用户输入一个1~7的数字，输出该数字对应星期的英文单词，如输入1，输出Monday。

分析：

1）定义一个指针型函数 day_name，它的返回值指向一个字符串。该函数包括两个参数：指针数组 name 用于表示各个星期名及出错提示，形参 n 表示与星期名所对应的整数。

2）在主函数中，定义一个指针数组 name，用于表示各个星期名及出错提示。把 name 指针数组和输入的整数 n 作为实参，在 printf 语句中调用 day_name 函数。day_name 函数中的 return 语句包含一个条件表达式，n 值若大于 7 或小于 1，则把 name[0]指针返回主函数输出出错提示字符串"Illegal day"，否则返回主函数输出对应的星期名。

程序代码：

```
#include <stdio.h>
main()
{
    char *name[] = {"Illegal day",
    "Monday",
    "Tuesday",
    "Wednesday",
    "Thursday",
    "Friday",
    "Saturday",
    "Sunday"};
    int n;
    char *day_name(char *name[],int n);
    printf("\n请输入一个星期数字:");
    scanf("%d",&n);
    printf("\n星期%2d-->%s\n",n,day_name(name,n));
}
char *day_name(char *name[],int n)
{
    return((n<1 || n>7)? name[0]:name[n]);
}
```

运行上面的程序，输入 5，输出结果为：

```
星期 5 -->Friday
```

注意：指针型函数的返回值必须是地址，并且返回值的类型要与函数类型一致。

8.5 指向指针的指针变量

如果一个指针变量存放的是另一个指针变量的地址，则称这个指针变量为指向指针的指针变量。

前面介绍过的指针，都是指针变量直接指向变量的地址，这样的指针称为一级指针。而如果通过指向指针的指针变量来访问变量，则构成了二级或多级指针。在 C 语言程序中，对指针的级数并未明确限制，但是指针级数太多时不容易理解，也容易出错，因此，一般很少用二级以上的指针。指向指针的指针变量说明的一般形式为：

```
类型说明符 ** 指针变量名;
```

例如：

```
int ** pp;
```

表示 pp 是一个指针变量，它指向另一个指针变量，而这个指针变量指向一个整型变量。

一级指针和二级指针的内存指向关系如图 8-10 所示。

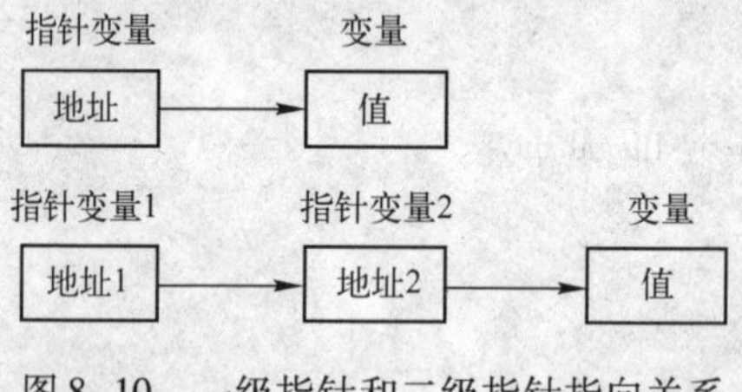

图 8-10　一级指针和二级指针指向关系

下面举一个例子来说明这种关系。

```
main()
{
    int x, *p, **pp;
    x = 10;
    p = &x;
    pp = &p;
    printf("x = %d\n", **pp);
}
```

上例程序中，p 是一个指针变量，指向整型量 x；pp 也是一个指针变量，它指向指针变量 p。通过 pp 变量访问 x 的写法是 ** pp。程序最后输出 x 的值为 10。通过上例，读者可以学习指向指针的指针变量的说明和使用方法。

8.6　精彩案例

本节主要介绍有关指向数组和指向字符串指针的一些精彩案例，具体包括数字查找、字符串截取和字符串查找 3 个案例。

8.6.1　数字查找

【例 8-16】随机生成 10 个 0～100 之间的不同整数放入数组 a，用户输入一个整数 x，在数组 a 中查找 x，如果找到，则提示找到，如果未找到，则提示用户继续输入，用户最多只能查找 5 次，否则提示“游戏结束”，最后输出生成的数组内容。

分析：

1）当生成一个随机整数 m 时，要从数组中查找是否已经包含 m，如果没有，将 m 作为数组的一个元素，如果已经包含，继续生成随机数 m。因此，需要编写一个在数组中查找一个整数的函数 search(int a[ ],int n,int m)，其中 n 表示数组长度，m 表示要查找的数组。如果数组 a 中包含 m，则返回位置；如果不包含，则返回 -1。

2）在 main 函数中循环调用 search 函数生成数组元素，每成功生成一个数组元素，数组下标 i 加 1，循环的条件为 i<10。

3）用户输入 x。

4）循环输入 x，并调用 search 函数在数组中查找 x，循环条件为次数小于 5，如果找到，则提示找到，并退出循环。

程序代码：

```
#include "stdio.h"
#include "time.h"
#define N 10
int search(int *a,int n,int m)
{
    int i;
    for(i=0;i<n;i++)
        if(*a++ == m)
            return i;
    return -1;
}
main()
{
    int a[N],i,x,m,k=0;
    int *p=a;
    srand(time(NULL));                //改变随机数范围
    i=0;
    while(i<N)                        //循环生成 10 个互不相同的随机整数
    {
        m=rand()%100;
        if(search(a,N,m) == -1)       //数组中不包含 m
        {
            *p++ =m;
            i++;
        }
    }
    for(i=1;i<6;i++)                  //循环输入并查找 x
    {
        printf("\n 请输入要查找的整数 x:");
```

```
            scanf("%d",&x);
            k = search(a,N,x);                          //在数组 a 中查找 x
            if(k >=0)                                   //如果已经找到
            {
                printf("\n 第%d 次,在第%d 个位置找到了%4d \n",i,k+1,x);
                break;
            }
        }
        if(i ==6)                                       //循环完成,没有找到
            printf("\n 游戏结束\n");
        for(i =0,p =a;i <N;i ++)                        //输出数组元素
            printf("%4d",*p ++);
        printf("\n");
    }
```

运行上面的程序，输入：

```
10
15
```

输出结果为：

```
第 2 次,在第 5 个位置找到了 15
13 88 69 1 15 70 24 9 23 31
```

输入：

```
10
15
20
25
30
```

输出结果为：

```
游戏结束
58 5 90 9 7 51 81 96 55 68
```

注意：由于本例中的数组为随机生成，因此输入 1 输出结果是不确定的。

8.6.2 字符串截取

【**例 8-17**】从键盘输入一个字符串，编写一个函数，将此字符串中从第 m 个字符开始的 n 个字符复制成另一个字符串，如"abcdefg"，m =3，n =3，则结果为"cde"。

分析：

1）根据描述可以定义函数 char ＊substr(char ＊s,int m,int n)，即从 s 中截取字符串，将截取的结果返回给主调函数，由于返回结果是一个字符串，因此函数的返回值应该是一个指向字符的指针类型。

2）在 substr 函数中，可能会出现三种情况：第一种是 s 的长度足够截取，这时，直接截取字符串；第二种是 m 已经超出了 s 的长度，返回错误信息；第三种是 m 没有超出范围，但是 m + n 超出了 s 的长度，此时截取到 s 的末尾即可。

程序代码：

```
#include "stdio.h"
#include "string.h"
//s:被截取的字符串,m:开始位置,n:截取长度
char *substr(char *s,int m,int n)
{
    int k,i,j=0;
    char t[100];
    k=strlen(s);
    if(m>k)                       //如果开始位置 m 超出字符串的长度
        return "m 太大了";
    else
    {
        s=s+m;
        for(i=m;i<m+n&&*s!='\0';i++)
            t[j++]=*s++;
        t[j]='\0';
    }
    return t;
}
main()
{
    char s[100],m,n;
    printf("\n 请输入一个字符串:");
    gets(s);
    printf("\n 请输入 m 和 n:");
    scanf("%d,%d",&m,&n);
    m--;      //因为 C 语言数组从 0 开始,因此,m 的真实位置应该减 1
    printf("\n 结果为:%s\n",substr(s,m,n));
}
```

运行上面的程序，输入：

```
Welcome
4,8
```

输出结果为：

```
结果为:come
```

输入：

```
Welcome
10,5
```

输出结果为：

```
结果为:m 太大了
```

8.6.3 字符串查找

【例 8-18】编写程序，从一个字符串 s1 中查找另一个字符串 s2，如果找到，输出第一次出现的位置，如果未找到，返回 -1。

分析：

1）首先检测 s1 的长度是否大于等于 s2，如果 s1 长度 < s2 长度，肯定无法找到，返回 -1。

2）遍历 s1 中的字符，并记录当前位置 k，如果 s1 当前字符与 s2 当前字符相等，两者同时后移，但 k 的值不变，如果遇到不相等的字符，则 s1 还原到下一个开始比较的字符，即 k+1 位置的字符，s2 还原到开始字符，继续比较，如图 8-11 所示。

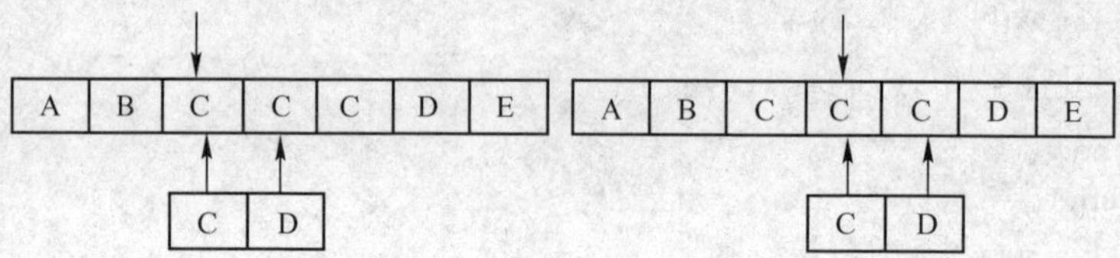

图 8-11　字符串查找方法

3）如果 s2 遇到"\0"，表示已经找到，返回查找的开始位置 k，如果 s1 遇到"\0"，表示未找到，返回 -1。

程序代码：

```
#include "stdio.h"
#include "string.h"
int search(char *s1,char *s2)          //从 s1 中查找 s2
{
    int i=0;                           //控制 s1,s2 偏移的变量
    int k;                             //记录 s1 开始比较的字符的位置
    if(strlen(s1)<strlen(s2))          //如果 s1 的长度小于 s2 的长度,则返回 -1
        return -1;
```

```
        k = 0;
        while(1)
        {
            //如果 s2 偏移 i 的字符与 s1 开始位置加上当前偏移 i 的字符相等,继续比较
            if( *(s2 + i) == *(s1 + k + i))
                i ++;
            //否则,偏移量 i 设为 0,s1 开始位置 k 加 1,即从 s1 的下一位置开始重新比较
            else
            {
                i = 0;
                k ++;
            }
            //如果 s2 已比较到末尾,表明已找到,返回 s1 开始位置 k
            if( *(s2 + i) == '\0')
                return k;
            //如果 s1 到末尾,s2 还没到末尾,表明未找到
            else if( *(s1 + k + i) == '\0')
                return -1;
        }
    }
    main()
    {
        char s1[80],s2[80];
        int m;
        printf("\n 请输入字符串 1:");
        gets(s1);
        printf("\n 请输入字符串 2:");
        gets(s2);
        m = search(s1,s2);
        if(m == -1)
            printf("\n \"%s\" 不包含 \"%s\"\n",s1,s2);
        else
            printf("\n \"%s\"在 第%d 个字符开始包含 \"%s\" \n",s1,m,s2);
    }
```

运行上面的程序，输入：

```
Welcome to C world
come
```

输出结果为：

```
"Welcome to C World" 在第 3 个字符开始包含"come"
```

输入：

```
Welcome to C world
Hello
```

输出结果为：

```
"Welcome to C World" 不包含"hello"
```

本章小结

本章介绍了指针的概念及运算、指针与数组、指针与字符串、指针与函数、命令行参数和多级指针。

指针变量用于存储一个变量的内存地址或者一个连续存储结构（数组、函数、结构体）的首地址。通过指针可以使得程序更加清晰，同时也使得程序本身更加精练、高效。指针可以进行赋值、简单的加减法算术运算和简单的关系运算。

一个指针变量可以指向一个数组，通过指针变量的加减法运算访问数组元素。使用指向数组的指针访问数组元素效率高、且操作灵活，能直接根据指针变量的地址访问指向的数组元素。用指针法表示一维数组元素时，可以直接用 * p 的方式；表示二维数组元素时，可以使用 * (* (p + i) + j)的方式，其中 i 表示行，j 表示列。

在用指针访问字符串时，简单的字符串可以用一个指针变量来表示，如果是一个字符串数组，可以使用指针数组来表示。

指针作为函数的参数时，是地址传递，是双向的值传递，在调用函数时，指针形参对应的实参必须是一个地址。指针型函数是指返回类型为一个指针的函数，该函数经常用于返回一个字符串或其他内存地址的情形。

在 C 语言中，指针变量还可以继续指向另一个指针变量，这种变量称之为多级指针变量。一般，很少使用二级以上的指针。

通过对本章的学习，读者应该掌握指针的基本概念、指针与数组和函数的关系，重点掌握指向变量的指针、指向数组的指针、指向字符串的指针、指针作为函数的参数和指针函数。

习题

一、选择题

1. 若有语句“int * point, a = 4; 和 point = &a;”，则下面均代表地址的一组是________。

   A. a，point，* &a　　　　B. & * a，* point，&a

   C. &a，* &point，* point　　　　D. &a，& * point，point

2. 若有以下定义，则对 a 数组元素的正确引用是________。

```
int a[5], * p = a;
```

   A. * a + 1　　　　B. p + 5

C. &a+1　　D. &a[0]

3. 假如指针 p 已经指向变量 x，则 & * p 相当于________。

A. x　　B. * p

C. &x　　D. ** p

4. 假如指针 p 已经指向某个整型变量 x，则(* p) ++ 相当于________。

A. p ++　　B. x ++

C. * (p ++)　　D. &x ++

5. 设有如下函数定义：

```
int f(char *s)
{
    char *p = s;
    while( *p!='\0') p++;
    return(p-s);
}
```

如果在主程序中用下面的语句调用上述函数，则输出结果为________。

```
printf("%d\n",f("goodbey!"));
```

A. 3　　B. 6

C. 8　　D. 0

6. 若有说明语句

```
char a[] = "It is mine";
char *p = "It is mine";
```

则以下叙述不正确的是________。

A. a+1 表示的是字符 t 的地址

B. p 指向另外的字符串时，字符串的长度不受限制

C. p 变量中存放的地址值可以改变

D. a 中只能存放 10 个字符

二、编程题

1. 从键盘上输入 3 个整数，按从小到大的顺序显示输出。要求利用指针来完成。

2. 输入一个字符串，将字符串中的所有数字字符提取出来转换成真正的数字，如输入 ab12cd34f5，输出结果为 12345。要求利用函数和指针实现。

3. 编写程序，比较两个字符串 s1 和 s2 的大小。

比较时，若 s1 = s2，返回 0；若 s1 != s2，返回一个整数，该数为 s1 与 s2 第一个不同的字符的差值，如"ABC"与"AEF"比较时，因为第二个字符不同，“B”与“E”之差为 69 - 66 = 3。如果 s1 > s2，输出的数为正整数；如果 s1 < s2，输出的数为负整数。

4. 用指针编写函数 insert(s1,s2,f)，其功能是在字符串 s1 中的指定位置 f 处插入字符串 s2。

第 9 章　结构体与共用体

前面学习了一些简单数据类型（整型、实型、字符型）及数组的定义和应用，这些数据类型的特点是：当定义某一特定数据类型时，就限定该类型变量的存储特性和取值范围。而在日常生活中常会遇到一些复杂的数据信息，如学生信息，包括学号、姓名、性别、出生年月日、籍贯等，这些信息无法直接用某一种单一的数据类型来描述，它集合了各种数据类型，因此，C 语言引入一种能集中不同数据类型于一体的数据类型——结构体类型。共用体也是一种用户定义的数据类型。共用体变量中，可以存放不同类型的数据。

本章将介绍用户自定义的两种数据类型（结构体、共用体）的应用。

本章重点：

- 结构体变量、结构体数组和结构体指针的应用。
- 结构体变量和结构体指针作为函数参数的应用。

9.1　结构体类型的定义

结构体是一种构造类型，即用户自定义类型，它是由若干成员组成的，每一个成员可以是一个基本数据类型或者一个构造类型。结构体在说明和使用之前必须先定义，如同在说明和调用函数之前要先定义一样。

定义结构体类型的一般形式为：

```
struct 结构体类型名
{
    成员说明列表
};
```

成员说明列表由若干个成员组成，每个成员都是该结构体的一个组成部分，对每个成员也必须作基本类型说明，其形式为：

```
类型说明符 成员名;
```

其中，成员名的命名应符合标识符的命名规则。

例如，下列结构体是对学生信息的描述：

```
struct student
{
    int num;
    char name[20];
    char sex;
    int age;
```

```
    float score;
    char addr[40];
};
```

在这个结构体类型的定义中，结构名为 student，该结构由 6 个成员组成。成员 num 为整型变量，表示学号；成员 name 为字符数组，表示姓名；成员 sex 为字符变量，表示性别；成员 age 为整型变量，表示年龄；成员 score 为实型变量，表示成绩；成员 addr 为字符数组，表示籍贯。

注意：结构体括号后的分号是不可少的。

此外，在结构体类型中，成员的类型也可以是另外一个结构体。

例如，下面的结构体是对日期的描述：

```
struct date
{
    int year;           //描述日期的年
    int month;          //描述日期的月
    int day;            //描述日期的日
};
```

下面的结构体是对教师信息的描述：

```
struct teacher
{
    int num;                    //教师编号
    char name[20];              //教师姓名
    char sex;                   //教师性别
    float salary;               //教师薪水
    char addr[40];              //教师住址
    struct date hiredate;       //教师聘任时间
};
```

在 struct teacher 结构体类型中，hiredate 成员的类型又是一个结构体 struct date。

注意：在结构体类型中可以包含其他结构体成员，但是不能包含自身，即不能由自己定义自己。

9.2　结构体变量

结构体类型的变量和其他类型变量一样，需要先定义变量，然后才能使用。本节主要介绍结构体变量的定义、使用和初始化。

9.2.1　结构体变量的定义

结构体类型变量的定义与其他类型的变量的定义是一样的，但由于结构体类型需要针对问题事先自行定义，所以结构体类型变量的定义形式十分灵活，共有三种形式，分别介绍如下。

1）先定义结构体类型，再定义结构体类型变量。

例如：

```
struct student
{
    int num;
    char name[20];
    char sex;
    int age;
    float score;
    char addr[40];
};
struct student student1,student2;        // 定义结构体类型变量
struct student student3,student4;
```

用此结构体类型，可以定义更多的该结构体类型变量。

为了声明变量方便，也可以通过宏定义用一个符号常量来表示一个结构类型，例如：

```
#define STUDENT struct student
STUDENT
{
    int num;
    char name[20];
    char sex;
    int age;
    float score;
    char addr[40];
};
```

然后就可以直接用 STUDENT 定义变量。例如：

```
STUDENT student1,student2;
```

这样的定义变量方法和用 int、float 等定义变量的形式一样，不必再写 struct 关键字。

2）定义结构体类型同时定义结构体类型变量。

用这种方法定义结构体类型变量的形式为：

```
struct 结构体类型名
{
    成员说明列表;
}变量名列表;
```

例如：

```
struct date
{
    int day;
    int month;
    int year;
} time1,time2;
```

也可以再定义如下变量：

```
struct date time3,time4;
```

用此结构体类型，同样可以定义更多的该结构体类型变量，定义变量的效果和第一种方法相同。

3）直接定义结构体类型变量。

用这种方法定义结构体类型变量的形式为：

```
struct
{
    成员说明列表;
}变量名列表;
```

例如：

```
struct
{
    int num;
    char name[20];
    char sex;
    int age;
    float score;
    char addr[40];
}student1,student2;
```

这种方法在定义结构体时，没有定义结构体名，因此，在程序的其他位置无法再次定义该结构体类型的其他变量。

9.2.2 结构体变量的使用

在程序中使用结构体变量时，往往不把它作为一个整体来使用。在 ANSI C 中除了允许具有相同类型的结构体变量相互赋值以外，一般对结构体变量的使用，包括赋值、输入、输出、运算等都是通过结构体变量的成员来实现的。

表示结构体变量成员的一般形式是：

```
结构体变量名.成员名
```

例如：

```
student1. num                //student1 的学号
student2. sex                //student2 的性别
```

如果结构体成员本身又是一个结构体类型，则可继续使用成员运算符取结构体成员的结构体成员，逐级向下引用最低一级的成员。程序能对最低一级的成员进行赋值或存取。

例如：

```
struct date
{
    int year;                       //描述日期的年
    int month;                      //描述日期的月
    int day;                        //描述日期的日
};
struct teacher
{
    int num;                        //教师编号
    char name[20];                  //教师姓名
    char sex;                       //教师性别
    float salary;                   //教师薪水
    char addr[40];                  //教师住址
    struct date hiredate;           //教师聘任时间
}teacher1,teacher2,teacher3;
teacher1. num = 1001;
strcpy(teacher1. name,"ZhangSan");
teacher1. sex ='M';
teacher1. salary = 2000;
strcpy(teacher1. addr,"Hebei Baoding");
teacher1. hiredate. year = 2007;
teacher1. hiredate. month = 7;
teacher1. hiredate. day = 1;
```

上面语句为结构体变量 teacher1 的各个成员进行赋值。

结构体的最低一级的成员也可以进行其他运算，如赋值运算、取地址运算、算术运算等。

例如：

```
scanf("%d",&teacher2. hiredate,year);
teacher2. salary = teacher1. salary * 0. 8;
teacher2. sex = teacher1. sex;
```

注意：具有相同类型的结构体变量可以直接赋值给另一个结构体变量。

例如：

```
teacher3 = teacher1;                    //将 teacher1 赋值给 teacher3
```

上面的语句将结构体变量 teacher1 的所有成员的值赋给 teacher3 对应的结构体成员。

9.2.3 结构体变量的初始化

结构体变量和其他变量一样，可以在定义变量的同时进行初始化。

1. 只有一级成员的结构体变量初始化

【例 9-1】 结构体变量的初始化。

```
struct student
{
    int num;
    char name[20];
    char sex;
    int age;
    float score;
    char addr[40];
}s1 = {1001,"Li - Lin",'M',20,90.5,"Hebei Baoding"};        //结构体变量 s1 初始化
main()
{
    printf("学号:%d\n",s1.num);
    printf("姓名:%s\n",s1.name);
    printf("性别:%c\n",s1.sex);
    printf("年龄:%d\n",s1.age);
    printf("成绩:%4.1f\n",s1.score);
    printf("地址:%s\n",s1.addr);
}
```

运行上面的程序，输出结果为：

```
学号:1001
姓名:Li - Lin
性别:M
年龄:20
成绩:90.5
地址:Hebei Baoding
```

2. 多级成员的结构体变量初始化

【例 9-2】 多级结构体变量初始化，分析下列程序的运行结果。

```
#include "stdio.h"
main()
{
    struct date
    {
        int year;                    //描述日期的年
        int month;                   //描述日期的月
        int day;                     //描述日期的日
    };
    struct teacher
    {
        int num;                     //教师编号
        char name[20];               //教师姓名
        char sex;                    //教师性别
        float salary;                //教师薪水
        char addr[40];               //教师住址
        struct date hiredate;        //教师聘任时间
    }teacher1 = {101,"zhangsan",'M',2000,"hebei Baoding",{2007,7,1}};//多级成员初始化
    printf("编号:%d\n",teacher1.num);
    printf("姓名:%s\n",teacher1.name);
    printf("性别:%c\n",teacher1.sex);
    printf("薪水:%4.0f\n",teacher1.salary);
    printf("住址:%s\n",teacher1.addr);
    printf("聘任时间:%d-%d-%d\n",teacher1.hiredate.year,teacher1.hiredate.month,
teacher1.hiredate.day);
}
```

运行上面的程序，输出结果为：

```
编号:101
姓名:zhangsan
性别:M
薪水:2000
住址:hebei Baoding
聘任时间:2007-7-1
```

注意：

1）以上为结构体变量赋值的方法，只是用于赋初值，在赋值语句中不能使用上面的方法，只能通过结构体变量成员单独赋值。

2）不能将结构体变量作为一个整体输入/输出，只能以单个成员对象进行输入/输出。

9.3 结构体数组

结构体数组是指类型为结构体的数组。本节主要介绍结构体数组的定义、初始化和使用。

9.3.1 结构体数组的定义

数据类型为结构体类型的数组即为结构体数组。结构体数组的每一个元素都具有相同结构体类型。在实际应用中，经常用结构体数组来表示具有相同数据结构的一个群体，如一个班的学生信息，一所学校的教师信息等。

结构体数组的定义方法和普通数组的定义相似，只须说明它为结构体类型即可。

例如：

```
struct student
{
    int num;
    char name[20];
    char sex;
    int age;
    float score;
    char addr[40];
}stu[5];
```

上面的代码定义了一个结构体数组 stu，共有 5 个元素，stu[0] ~ stu[4]，每个数组元素都具有 struct student 的结构体形式。

和元素为标准数据类型的数组一样，结构体数组的各元素在内存中也是按顺序存放的，也可初始化，对结构体数组元素的访问也要利用元素的下标。访问结构体数组元素的成员的一般形式为：

结构体数组名[下标].结构体成员名

例如，访问 stu 数组元素的成员：

```
stu[0].num = 1001;
gets(stu[0].name);
stu[1] = stu[0];
```

9.3.2 结构体数组的初始化

结构体数组也可以像标准类型数组一样在定义时进行初始化，初始化时，要将每个元素的数据分别用花括号括起来。

例如：

```
struct student
{
    int num;
    char name[20];
    char sex;
    int age;
    float score;
    char addr[40];
}stu[5] = {{1001,"Li Lin",'M',20,99," Baoding"},
    {1002,"Zhao Hai",'M',19,90," Zhengzhou"},
    {1003,"Liu Mei",'F',19,95,"Beijing"},
    {1004,"Wang Jing",'F',20,80,"Shanghai"},
    {1005,"Sun Hong",'M',19,70,"Tianjing"}};
```

在编译时，每一对花括号中的数据将赋给一个元素。在初始化时，如果数组的所有元素都被赋值，数组长度可以省略不写，此时系统会根据初始化时提供的数据组的个数自动确定数组的大小。如果只为部分数组元素赋初值，则数组长度不能省略。

例如：

```
struct student
{
    int num;
    char name[20];
    char sex;
    int age;
    float score;
    char addr[40];
}stu[5] = {{1001,"Li Lin",'M',20,99," Baoding"},
    {1002,"Zhao Hai",'M',19,90," Zhengzhou"},
    {1003,"Liu Mei",'F',19,95,"Beijing"}}
```

上面的结构体数组只为前3个元素赋初值，其他元素的数值型成员将自动赋0值，字符型成员赋'\0'值。

9.3.3 结构体数组的使用

一个结构体数组的元素相当于一个结构体变量。引用结构体数组元素时须遵循如下规则：

1）引用某一个元素的成员。

例如：

```
stu [i]. num
```

表示引用第 i 个元素的 num 成员。

2）可以将一个结构体数组元素赋给同一结构体类型的变量或数组的另一个元素。例如：

```
struct student st[5],student1;
student1 = stu[0];
stu[0] = stu[1];
stu[1] = student1;
```

3）和结构体类型变量一样，结构体数组元素不能作为一个整体输入输出，只能以单个成员对象进行输入/输出。

例如：

```
scanf("%d",&stu[0],num);
gets(stu[0].name);
printf("%d",stu[0].num);
puts(stu[0].name);
```

【例 9-3】 编写一个通讯录程序，将用户输入的姓名和联系电话输出。

```
#include"stdio.h"
#define NUM 10
struct notebook            //建立一个通讯录结构体
{
    char name[20];
    char phone[10];
};
main()
{
    struct notebook man[NUM];
    int i;
    for(i=0;i<NUM;i++)
    {
        printf("请输入姓名:\n");
        gets(man[i].name);
        printf("请输入电话:\n");
        gets(man[i].phone);
    }
    printf("姓名\t\t\t 电话\n\n");
    for(i=0;i<NUM;i++)
        printf("%s\t\t\t%s\n",man[i].name,man[i].phone);
}
```

本例中定义了一个名为 notebook 的结构体，它有两个成员 name 和 phone，分别用来表示姓名和联系电话。在主函数中定义了 notebook 类型的结构数组 man，在 for 语句中，用 gets 函数分别输入各个元素中两个成员的值，然后在 for 语句中用 printf 语句输出各元素中两个成员的值。

9.4 结构体类型指针

结构体类型的指针和其他类型的指针一样，既可以指向结构体变量，也可以指向结构体数组。

9.4.1 指向结构体变量的指针

1. 结构体指针变量的定义

指针变量非常灵活方便，可以指向任一类型的变量。若定义指针变量指向结构体类型变量，则可以通过指针来引用结构体类型变量，这种指针变量被称为结构体指针变量。

结构体指针变量中的值是所指向的结构体变量的首地址。通过结构体指针即可访问该结构体变量，这与数组指针和函数指针的情况是相同的。结构中指针变量定义的一般形式为：

```
struct 结构体名 *结构体指针变量名;
```

例如，在前面已经介绍了 student 结构体，如要定义一个指向 student 的指针变量 pstu，可写为：

```
struct student *pstu;
```

当然也可在定义 student 结构体的同时定义 pstu。与前面讨论的各类指针变量相同，结构体指针变量也必须先赋值才能使用。赋值是把结构体变量的首地址赋予该指针变量，不能把结构体名赋予该指针变量。

例如：

```
pstu = &student1;
```

表示结构体指针变量 pstu 指向类型为 struct student 的结构体变量 student1 的首地址，是正确的。

```
pstu = &student;
```

上面的语句将 student 类型名赋给结构体指针变量 pstu，是错误的。

2. 结构体指针变量的使用

使用结构体指针变量，就能更方便地访问结构体变量的各个成员。利用结构体指针变量访问结构体的一般形式为：

```
(*结构体指针变量).成员名
```

或

```
结构体指针变量->成员名
```

例如:

```
(*pstu).num
```

或

```
pstu->num
```

注意:(*pstu)两侧的括号不可少,因为成员符“.”的优先级高于“*”,如去掉括号写作*pstu.num,则等效于*(pstu.num),这样,意义就完全改变了。

【例 9-4】 利用结构体变量和结构体指针变量输出结构体内容。

```
struct student
{
    int num;
    char name[20];
    char sex;
    int age;
    float score;
    char addr[40];
} student1 = {102,"Zhang ping",'M',20,78.5,"Beijing"}, *pstu;
main()
{
    pstu = &student1;
    printf("学号为:%d\n",student1.num);
    printf("姓名为:%s\n",student1.name);
    printf("性别为:%c\n",student1.sex);
    printf("年龄为:%d\n ",student1.age);
    printf("学号为:%d\n",(*pstu).num);
    printf("姓名为:%s\n",(*pstu).name);
    printf("性别为:%c\n",(*pstu).sex);
    printf("年龄为:%d\n ",(*pstu).age);
    printf("学号为:%d\n",pstu->num);
    printf("姓名为:%s\n",pstu->name);
    printf("性别为:%c\n",pstu->sex);
    printf("年龄为:%d\n ",pstu->age);
}
```

运行上面的程序，输出结果为：

```
学号为:102
姓名为:Zhang ping
性别为:M
年龄为:20
学号为:102
姓名为:Zhang ping
性别为:M
年龄为:20
学号为:102
姓名为:Zhang ping
性别为:M
年龄为:20
```

在本例中，定义了一个结构体 student，定义了 student 类型结构体变量 student1，并作了初始化赋值，还定义了一个 student 类型的结构体指针变量 pstu。在 main 函数中，pstu 指向了 student1，然后在 printf 语句内用三种形式输出 student1 的各个成员值。

从上面程序的运行结果可以看出：结构体变量 . 成员名、（*结构指针变量）. 成员名、结构指针变量 -> 成员名，这三种用于表示结构成员的形式是完全等效的。

9.4.2 指向结构体数组的指针

指针变量也可以指向一个结构体数组，这时结构体指针变量的值是整个结构体数组的首地址。结构指针变量也可指向结构体数组的一个元素，这时结构指针变量的值是该结构数组元素的首地址。

设 ps 为指向结构体数组的指针变量，则 ps 也指向该结构体数组的 0 号元素，ps +1 指向 1 号元素，ps + i 则指向 i 号元素。这与普通数组的情况是一致的。

例如：

```
struct student stu [4], *p;
p = stu;
```

此时指针 p 指向结构体数组 stu。

p 是指向一维结构体数组的指针，对数组元素的引用可采用三种方法。

（1）地址法

stu + i 和 p + i 均表示数组第 i 个元素的地址，数组元素各成员的引用形式为：(stu + i) -> name、(stu + i) -> num 或(p + i) -> name、(p + i) -> num 等。其中，stu + i 和 p + i 与 &stu[i]意义相同。

（2）指针法

若 p 指向数组 stu 的某一个元素，则 p ++ 指向数组的下一元素。

(3) 指针的数组表示法

若 p = stu，对数组成员的引用可以描述为 p[i]. name、p[i]. num 等，这与 stu[i]. name、stu[i]. num 是等价的。

【例 9-5】 每个同学有 3 门课程的成绩，共有 5 个同学，分别计算每个同学的平均成绩并输出。

分析：

1) 由于每个同学有 3 门课程的成绩，因此可以定义如下结构体类型：

```
struct score
{
    int num;
    char name[20];
    float sc[3];
};
```

其中，成员 num 表示学号，name 表示姓名，sc 表示 3 门课程的成绩。

2) 定义一个类型为结构体 score 的数组 s[5]，并定义一个指针 p 指向数组 s。

3) 定义一个 float 类型的数组 avg[5]，分别存放 5 个同学的平均成绩。

4) 利用循环的方法遍历指针 p 的每个元素，并计算每个同学的平均成绩放入数组 avg，最后输出学生信息和其平均成绩。

程序代码：

```
#include <stdio.h>
struct score
{
    int num;
    char name[20];
    float sc[3];
};
main()
{
    struct score s[5] = {
        {1001,"Li Lin",{50,70,90}},
        {1002,"Zhao Mei",{70,80,90}},
        {1003,"Liu Li",{60,70,80}},
        {1004,"Zhang Yan",{50,70,60}},
        {1005,"Sun Jing",{60,80,90}}
    };
    struct score *p;
    float avg[5];
```

```
    int i,j;
    float t;
    p = s;                          //指向数组的首地址
    for(i = 0;i < 5;i ++ )
    {
        t = 0;
        for(j = 0;j < 3;j ++ )     //计算每个同学的 3 门课程成绩的和
            t + = (p + i) - > sc[j];
        avg[i] = t/3;              //计算平均成绩,并保存到数组 avg[i]中
    }
    for(i = 0;i < 5;i ++ )
        printf(" % d\t% - 20s\t%. 1f\n",(p + i) - > num ,(p + i) - > name ,avg[i]);
}
```

运行上面的程序，输出结果为：

```
1001    Li Lin        70. 0
1002    Zhao Mei      80. 0
1003    Liu Li        70. 0
1004    Zhang Yan     60. 0
1005    Sun Jing      76. 7
```

9.5 结构体与函数

结构体类型和其他类型一样，也可以用作函数的参数，同时也可以作为函数的返回值类型。本节主要介绍结构体变量、结构体指针作为函数参数和返回值为结构体类型的函数的定义和应用。

9.5.1 结构体变量作为函数参数

在 ANSI C 标准中允许用结构体变量作函数参数进行整体传送，在传送结构体类型的参数时，系统将实参结构体变量的所有成员的值传递给形参结构体变量。

注意：结构体变量作函数参数时，实参和形参的结构体变量类型应当完全一致。

【例 9-6】 将例 9-5 改为用函数计算某个同学的平均成绩，然后在 main 函数中调用该函数计算所有同学的平均成绩。

程序代码：

```
#include < stdio. h >
struct score
{
    int num;
    char name[20];
```

```
    float sc[3];
};
float average(struct score st)              //计算 st 的 3 门课程的平均成绩
{
    int i;
    float t;
    t=0;
    for(i=0;i<3;i++)                        //计算 3 门课程成绩的和
        t+=st.sc[i];
    t=t/3;                                  //计算平均成绩
    return t;
}
main()
{
    struct score s[5]={
        {1001,"Li Lin",{50,70,90}},
        {1002,"Zhao Mei",{70,80,90}},
        {1003,"Liu Li",{60,70,80}},
        {1004,"Zhang Yan",{50,70,60}},
        {1005,"Sun Jing",{60,80,90}}
    };
    float avg[5];
    int i;
    for(i=0;i<5;i++)
    {
        avg[i]=average(s[i]);       //调用 average 函数计算 s[i]的平均成绩
    }
    for(i=0;i<5;i++)
        printf("%d\t%-20s\t%.1f\n",(s+i)->num,(s+i)->name,avg[i]);
}
```

在上面的程序中，定义了 average 函数，形参为 struct score 类型，因此在调用该函数时，实参也必须是 struct score 类型，在这里实参为 s[i]和形参类型一致。程序的输出结果同例 9-5。

9.5.2 结构体指针变量作为函数参数

当结构体变量作为函数参数时，系统要将实参的全部成员的值逐个传送给形参，特别是成员为数组时将会使传送的时间和空间开销很大，严重降低程序的效率。因此，最好的办法就是使用指针，即用指针变量作函数参数进行传送，这时由于实参传向形参的只是地址，从而减少了时间和空间的开销。

【例 9-7】 将例 9-6 中的 average 函数的形参改为结构体指针变量。

```
#include <stdio.h>
struct score
{
    int num;
    char name[20];
    float sc[3];
};
float average(struct score *st)          //计算 st 的 3 门课程的平均成绩
{
    int i;
    float t;
    t=0;
    for(i=0;i<3;i++)                     //计算 3 门课程成绩的和
        t+=st->sc[i];
    t=t/3;                               //计算平均成绩
    return t;
}
main()
{
    struct score s[5]={
        {1001,"Li Lin",{50,70,90}},
        {1002,"Zhao Mei",{70,80,90}},
        {1003,"Liu Li",{60,70,80}},
        {1004,"Zhang Yan",{50,70,60}},
        {1005,"Sun Jing",{60,80,90}}
    };
    struct score *p;
    float avg[5];
    int i;
    p=s;
    for(i=0;i<5;i++)
    {
        avg[i]=average(p+i);             //由于形参为指针,因此实参必须是一个地址
    }
    for(i=0;i<5;i++)
        printf("%d\t%-20s\t%.1f\n",(p+i)->num,(p+i)->name,avg[i]);
}
```

例 9-7 和例 9-6 的最大不同在于形参变为结构体指针类型，因此，在 main 函数中调用 average 函数时，函数的实参必须为一个 score 类型的地址。在本例中，实参为 p+i 表示第 i 个同学信息的首地址，也可以改为 &s[i]。

9.5.3 函数的返回值为结构体类型

在 C 语言中，函数的返回值也可以是结构体类型。

【例 9-8】输入并输出 5 个学生的成绩信息。

```
#include <stdio.h>
struct score
{
    int num;
    char name[20];
    float sc[3];
};
struct score input()             //输入一个学生的成绩信息
{
    struct score st;
    int i;
    scanf("%d",&st.num);
    gets(st.name);
    for(i=0;i<3;i++)
        scanf("%f",&st.sc[i]);
    return st;
}
main()
{
    struct score s[5];
    struct score *p;
    int i;
    for(i=0;i<5;i++)
    {
        s[i]=input();    //将输入的信息赋值给数组元素
    }
    for(i=0;i<5;i++)
      printf("%d\t%-20s\t%.1f\t%.1f\t%.1f\n",s[i].num,s[i].name,s[i].sc[0],s[i].sc
[1],s[i].sc[2]);
}
```

本例的 input 函数的功能为输入一个结构体数据，并将输入的结构体数据作为返回值返回给结构体数组 s 的第 i 个元素，最后输出结构体数组 s 中的所有元素。

9.6 链表

链表是结构体指针的一个重要应用。本节主要介绍链表的概述、内存的动态管理和实现链表的基本操作。

9.6.1 链表概述

数组作为存放同类数据的集合，给程序设计带来很多的方便，增加了灵活性，但数组也同样存在一些问题，如数组的大小要事先在定义时确定，不能在程序中进行调整，这样在程序设计中有时需要大小为 30 的数组，有时需要大小为 50 的数组，难以统一。我们只能够根据可能的最大需求来定义数组，常常会造成一定存储空间的浪费。

希望构造动态的数组，可以随时调整数组的大小，以满足不同问题的需要。链表就是所需要的动态数组，它是在程序的执行过程中根据数据存储的需要向系统申请存储空间，决不造成存储区的浪费。

链表是最简单、最常用的一种动态数据结构。链表是结构体最重要的应用，它是一种非固定长度的数据结构，是一种动态存储技术，它能够根据数据的结构特点和数量使用内存，尤其适用于数据个数可变的数据存储。

如图 9-1 所示，链表有一个头指针变量 head，它存放一个地址，该地址指向一个元素。链表中的每一个元素称为结点，每个结点都应包括两个部分：一是用户需要的实际数据，二是下一个结点的地址。head 指向第一个元素，第一个元素指向第二个元素……直到最后一个元素，该元素不再指向其他元素，它称为表尾，它的地址部分放一个“NULL”（表示空地址），链表到此结束。

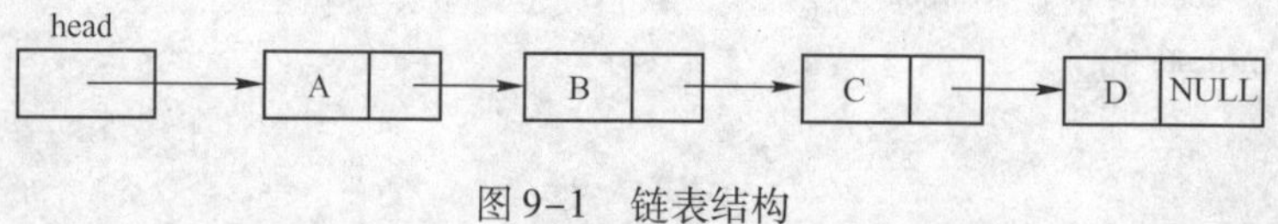

图 9-1　链表结构

链表与数组的最大区别是，数组是将元素在内存中连续存放，由于每个元素占用内存相同，因此可以通过下标立即访问数组中的任何元素。但是如果要在数组中增加一个元素，则需要移动大量元素，在内存中空出一个元素的空间，然后将要增加的元素放在其中。同样的道理，如果想删除一个元素，同样需要移动大量元素以去掉被移动的元素。链表恰好相反，链表中的元素在内存中不是顺序存储的，而是通过存在元素中的指针联系到一起。如：上一个元素中有一个指针指到下一个元素，以此类推，直到最后一个元素。如果要访问链表中的一个元素，需要从第一个元素开始，一直找到需要的元素为止。但是增加和删除一个元素对于链表数据结构就非常简单了，只要修改元素中的指针就可以了。比如，在图 9-1 中的结点 A 后插入结点 P，只须使 P 指向 B，使 A 指向 P；在链表中删除结点 C，只须使 B 指向 D，并删除结点 C 即可。因此，链表的插入、删除非常方便。

从上面的比较可以看出，如果需要快速访问数据，很少或不插入和删除元素，就应该用数组；相反，如果需要经常插入和删除元素，就需要用链表数据结构。

链表结点数据是用结构体来描述的，它包含若干个成员，其中一些成员是用来存储实际数据的；另外一些成员是指针类型用来存放与之相连的结点地址的，这里只介绍单向链表，因此每个结点只包含一个这样的指针成员。

下面是一个单向链表结点的类型说明：

```
struct student
{
    int num;
    float score;
    struct student *next;      //指向下一结点
};
```

其中，num 成员用来存储学号；score 成员用来存储成绩，next 成员用来存储下一个结点的地址。

9.6.2 内存动态管理函数

前面已经提到，链表结点的存储空间是程序根据需要向系统申请的。C 语言提供了一些内存管理函数，这些内存管理函数可以按需要动态地分配内存空间，也可以把不使用的空间释放，从而有效地利用内存资源。常用的内存管理函数有以下三个。

1. 分配内存空间函数 malloc

malloc 函数的功能是在内存的动态存储区中分配一块指定字节的连续区域，并返回该区域的首地址。函数调用的一般形式为：

```
(类型说明符 *) malloc (size)
```

其中，类型说明符表示把该区域用于何种数据类型；“(类型说明符 *)”表示把返回值强制转换为该类型指针；size 是一个无符号数，表示要分配内存空间的字节数。

例如：

```
char *pc;
pc = (char *)malloc (100);
```

表示分配 100 个字节的内存空间，并强制转换为字符指针类型，把该指针赋予指针变量 pc。

注意：如果需要开辟的存储空间是一个结构体类型，可以用 sizeof 计算结构体的大小。

例如：

```
struct student *p;
p = (struct student *)malloc(sizeof(struct student));
```

2. 分配内存空间函数 calloc

calloc 函数也用于分配内存空间。该函数的功能是在内存动态存储区中分配 n 块指定字节的连续区域，并返回该区域的首地址。函数调用的一般形式为：

```
(类型说明符 *)calloc(n,size)
```

calloc 函数与 malloc 函数的区别仅在于一次可以分配 n 块区域。

例如：

```
struct student *ps;
ps = (struct student *) calloc(2,sizeof (struct student));
```

表示按 student 的长度分配 2 块连续区域，强制转换为 student 类型，并把其首地址赋予指针变量 ps。

3. 释放内存空间函数 free

free 函数用于释放一块内存空间，其中参数是一个任意类型的指针变量指向的被释放区域的首地址。函数调用的一般形式为：

```
free(void *ptr);
```

其中，ptr 是一个任意类型的指针变量，它指向被释放区域的首地址。被释放区域应是由 malloc 或 calloc 函数所分配的区域。

以上 3 个内存管理函数被定义在 stdlib. h 头文件中，因此在使用这几个函数前，应该使用#include 命令包含该头文件。

【例 9-9】 输入学生信息，并输出学生的所有信息。

```
#include <stdio.h>
#include <stdlib.h>
struct student
{
    int num;
    char name[20];
    char sex;
    int age;
    float score;
    char addr[40];
};

main()
{
    struct student *ps;          //定义结构体指针变量
    ps = (struct student *)malloc(sizeof(struct student));      //为结构体指针分配内存空间
    scanf("%d",&ps->num );
    gets(ps->name);
    scanf("%c",&ps->sex);
    scanf("%d",&ps->age);
    scanf("%f",&ps->score);
    gets(ps->addr);
    printf("Number = %d\nName = %s\n",ps->num,ps->name);
    printf("Sex = %c\nAge = %d\nScore = %f\n",ps->sex,ps->age,ps->score);
```

```
    printf("Address = %s\n",ps -> addr );
    free(ps);                    //释放内存空间
}
```

本例中，先定义结构体 student，定义了 student 类型指针变量 ps；再分配一块 student 结构体类型大小的内存空间，并使 ps 指向该空间；然后为 ps 指向的结构体变量输入各成员的值，并用 printf 输出各成员值；最后用 free 函数释放 ps 指向的内存空间。整个程序包含申请内存空间、使用内存空间和释放内存空间 3 个步骤，实现了存储空间的动态分配。

9.6.3 链表的基本操作

链表的基本操作主要包括链表的建立、输出、查找、插入和删除等。

1. 链表的建立

建立链表是指一个一个地输入各结点数据，并建立结点前后链接的关系。建立单向链表的方法有两种：一种是插入表头法，另一种是插入表尾法。图 9-2 所示为建立单向链表的示意图。

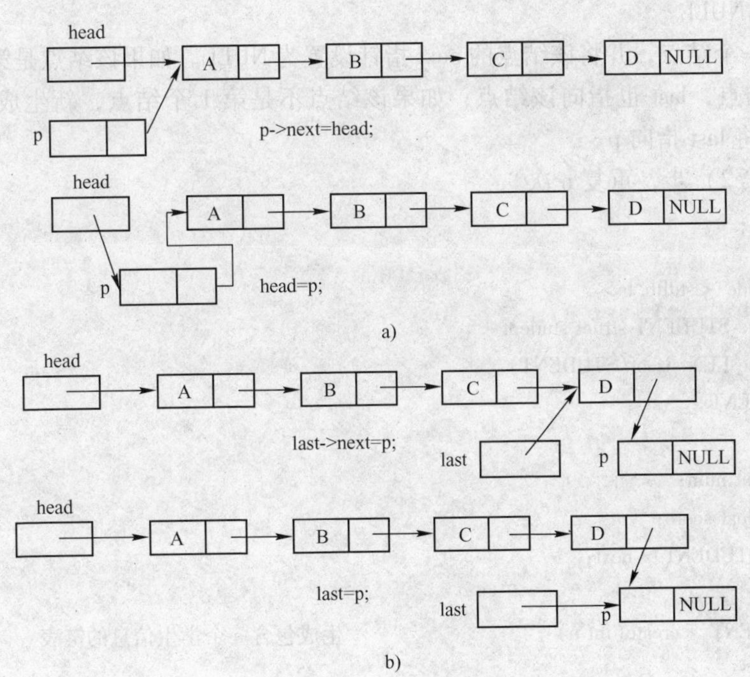

图 9-2　建立单向链表

a）插入表头法　b）插入表尾法

插入表头法的特点是：新生成的结点作为新的表头插入链表，如图 9-2a 所示。在这种方法中，链表将新生成的结点 p 作为链表的第 1 个结点，原来的第 1 个结点作为新结点的后继结点。实现代码为：

```
p -> next = head;
head = p;
```

注意：上面两条语句的顺序不能改变，如果改变，将会丢失 head 所指向的原来的链表结点。

插入表尾法的特点是：新生成的结点链接到链表的末尾，如图 9-2b 所示。在这种方法中，需要新增加一个 last 指针，该指针始终指向链表的末尾结点，首先将新生成的结点 p 的后继指针设置为 NULL，并链接到原来末尾结点，然后使得 last 指向新生成的结点 p。实现代码为：

```
p -> next = NULL;
last -> next = p;
last = p;
```

【例 9-10】 编写一个函数，建立一个由 n 名学生数据组成的单向链表。

本例使用链接到表尾的方法建立链表。

分析：

1）由于采用的是链接到表尾的方法建立链表，因此需要 head 结点和 last 结点，将 head 和 last 设置为 NULL。

2）建立一个结点，并将该结点的 next 指针设置为 NULL。如果该结点是第 1 个结点，则 head 指向该结点，last 也指向该结点；如果该结点不是第 1 个结点，新生成结点 p 连接到 last 末尾，并将 last 指向 p。

3）转到第 2）步，重复 n 次。

程序代码：

```
#include <stdlib.h>
#define STUDENT struct student
#define LEN sizeof(STUDENT)
STUDENT
{
    int num;
    float score;
    STUDENT *next;
};
STUDENT *create(int n)                          //生成包含 n 个学生信息的链表
{
    STUDENT *head, *last, *p;
    int i;
    head = last = NULL;
    for(i = 0;i < n;i ++)
    {
        p = (STUDENT *)malloc(LEN);
        printf("\nPlease input student%d number,score:",i + 1);
        scanf("%d,%f",&p -> num,&p -> score);
```

```
            p -> next = NULL;
            if(i==0)                              //如果第 1 个结点
                head = last = p;
            else                                  //如果不是第 1 个结点
            {
                last -> next = p;
                last = p;
            }
        }
        return head;
    }
main()
{
    STUDENT  * head;                              //定义头指针变量
    head = create(5);
}
```

在上面的程序中，create 函数的参数 n 为新建的链表结点的个数，返回值为链表的头结点。在 create 函数的 for 循环中，利用 malloc 函数建立了一个结点 p，并输入 p 成员的值，由于新生成的结点为表尾结点，因此，将 p -> next 设置为 NULL，下面就是对 p 是否为第 1 个结点的判断。

2. 链表的输出

在上面的例子中新建了一个链表，并返回了链表的头结点，如果需要输出该链表的内容，可以通过头结点遍历链表的所有结点一直到表尾结点。由于 head 结点指向的是第 1 个元素的结点，因此 head 指针本身不能移动，因为一旦移动了 head 指针，那么头结点将不再指向第 1 个元素，从而造成数据的丢失，因此，可以设置另外一个指针 p，并让 p 和 head 一样指向第 1 个元素即可。

输出链表内容的函数 output 如下：

```
void output(STUDENT  * head)
{
    STUDENT  * p;
    p = head;
    while(p!= NULL)
    {
        printf("%5d,%5.1f\n",p -> num,p -> score);
        p = p -> next;
    }
}
```

在上面的 output 函数中，p 首先指向头结点 head，然后根据 p 是否为 NULL 进行输出，输出当前结点后，要继续输出下一个结点，因此将 p 指向下一个结点，即 p -> next，继续输出，直到末尾。

3. 链表的查找

链表的查找是指在已知链表中查找值为某指定值的结点。链表的查找过程和输出过程类似，都是从链表的头结点所指的第 1 个结点出发，顺序查找。如果找到指定值的结点，则返回该结点的指针；如果没有找到，则返回 NULL，表示链表中没有指定值的结点。

例如，下面的程序查找学号为 num 的学生信息。

```
//head 链表头结点,num 要查找的学号
STUDENT  * search(STUDENT  * head,int num)
{
    STUDENT  * p;
    p = head;
    while(p!= NULL)
    {
        if(p -> num == num)
            return p;
        else
            p = p -> next;
    }
    return NULL;
}
```

在上面的 search 函数中，形参 head 为链表头结点，num 为要查找的学号。在 while 循环中，如果结点 p 的 num 成员的值与查找的 num 值相等，返回结点 p；否则继续查找下一个结点，循环完成后，说明没有符合要求的结点（如果有，已经返回并结束函数），因此返回 NULL。在主调函数中可以通过如下语句判断是否找到。

```
main()
{
    STUDENT  * head, * p;
    int num;
    Head = create(5);
    …
    num = 1001;
    p = search(head,num);
    if(p == NULL)
        printf("Not found %d \n",num);
    else
        printf("%d is found,score = %5.1f",num,p -> score);
    …
}
```

4. 链表的插入

在链表这种特殊的数据结构中，链表的长短需要根据具体情况来设定，当需要插入新数据时向系统申请存储空间，并将数据插入链表中。新结点 p 插入有 3 种情况：①插入到表头，成为第 1 个元素。②插入链表中间。③插入到链表末尾。

新结点的插入步骤为：

1）找到插入点。

2）插入结点。

新结点的插入过程如图 9-3 所示。

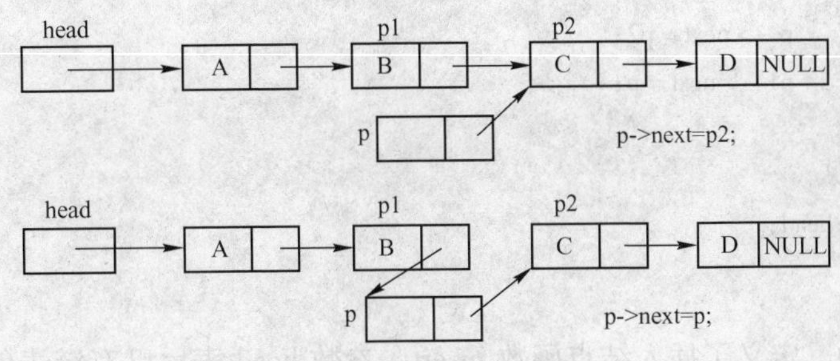

图 9-3　链表节点插入操作

插入结点的算法如下：

1）设定 p1 指向某个结点，p2 指向该结点的下一结点，p 为要插入的结点。

2）如果头结点 head 为 NULL，则 head 指向 p，p -> next 设置为 NULL。

3）通过语句“p1 = p2;p2 = p2 -> next;”查找插入点。

4）如果插入的结点 p 位于第 1 个结点之前，则“p -> next = head;head = p;”。

5）如果插入点位于链表的中间或末尾，则通过语句“p -> next = p2;p1 -> next = p;”插入结点。

例如，下面的程序是在已有链表的基础上插入一个新的结点，其中已有链表是按学号由小到大的顺序排序，要求插入结点后仍然按学号由小到大排序。

```
STUDENT *insert(STUDENT *head,STUDENT *p)
{
    STUDENT *p1, *p2;
    p2 = head;
    if(head == NULL)                    //没有插入点
    {
        p -> next = NULL;
        head = p;
    }
    else                                //有插入点
    {
        while((p -> num > p2 -> num) && p2 != NULL)    //查找插入点
        {
            p1 = p2;
```

```
            p2 = p2 -> next;
        }
        if(p1 == head)                          //插入位置为第 1 个结点的前面
        {
            p -> next = head;
            head = p;
        }
        else                                    //插入点位于中间或末尾
        {
            p -> next = p2;
            p1 -> next = p;
        }
    }
    return head;
}
```

在上面程序中，定义了插入结点函数 insert，参数 head 表示已有链表的头结点，p 表示要插入的结点，返回值为头结点 head。为什么在定义函数时还需要返回值呢？因为在插入结点时有可能改变 head 指针，比如 head 原来为空时和插入位置位于第 1 个元素之前，都会改变 head 指针的值，因此，在插入操作完成后需要重新返回头结点 head。

5. 链表的删除

在链表中删除一个结点，只要改变链表的连接关系，同时释放要删除结点的内存空间即可。关于删除结点，分成以下两种情况。

1）被删除的结点是第一个结点。这种情况只须使 head 指向第二个结点即可，即“head = p2 -> next;”。其过程如图 9-4a 所示。

2）被删除的结点不是第一个结点，这种情况使被删结点的前一结点指向被删结点的后一结点即可，即“p1 -> next = p2 -> next;”。其过程如图 9-4b 所示。

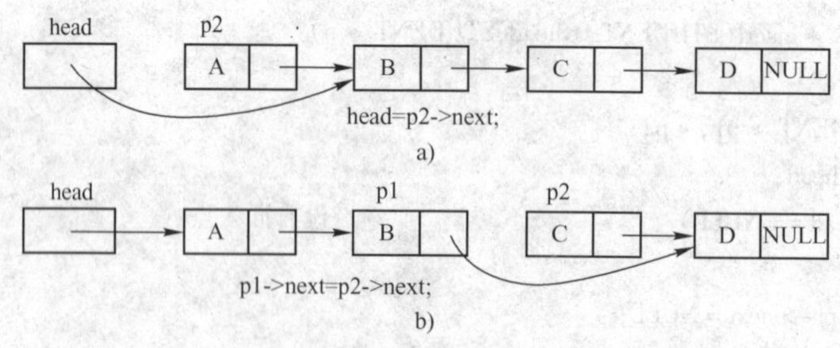

图 9-4　删除结点

a）删除链表第 1 个结点　b）删除链表其他结点

在链表中删除结点的算法如下。

1）“p2 = head;”，从第 1 个结点开始查找要删除的结点。

2）当 p2 结点不是 NULL 时，满足删除的条件，且没有到链表末尾。

“p1 = p2;p2 = p2 -> next;”，移动 p2 指针继续查找。

3）如果找到了删除结点，即“p2!= NULL”，则继续作如下判断：如果 p2 == head，即要删除的是第 1 个结点，则“head = p2 -> next;”，否则“p1 -> next = p2 -> next;”。

4）“free(p2);”，释放删除结点的内存。

例如，下面的程序在已有链表中删除指定学号的结点。

```
STUDENT * delete(STUDENT * head,int num)
{
    STUDENT * p1, * p2;
    p2 = head;
    if(head == NULL)                                    //如果链表为空
    {
        printf("\n List is null\n");
        return head;
    }
    p2 = head;
    while(num!= p2 -> num && p2 -> next!= NULL)         //查找删除节点
    {
        p1 = p2;
        p2 = p2 -> next;
    }
    //如果不是链表的末尾,即找到了删除结点 p2
    if(p2 -> next!= NULL)
    {
        if(p2 == head)                                  //如果要删除的是第 1 个结点
            head = p2 -> next;
        else
            p1 -> next = p2 -> next;
        free(p2);
        printf("\ndelete %d successfully",num);
    }
    else                                                //没有找到删除结点
        printf("%d not be found!",num);
    return head;
}
```

函数有两个形参，head 为链表的头结点，num 为删除结点的学号。首先判断链表是否为空，为空则不可能有被删结点。若不为空，则使 p2 指针指向链表的第一个结点。进入 while 语句后逐个查找被删结点。找到被删结点之后再看是否为第一结点，若是，则使 head 指向第二结点（即把第一结点从链中删去），否则使被删结点的前一结点（p1 -> next）指向被删结点的后一结点（p2 -> next）。如若循环结束未找到要删除的结点，则输出提示信息。最后返回 head 头结点。

9.7 共用体类型

共用体是 C 语言的另外一种自定义类型，其形式与结构体类似，但又有着本质的区别。本节主要介绍共用体变量的定义和使用。

9.7.1 共用体类型与共用体变量

1. 共用体类型定义

在一些特殊的应用中，要求某存储区域中的数据对象在程序执行的不同时间能存储不同类型的值。而到目前为止，我们定义的变量只能是某种特定类型。为了解决这个问题，C 语言引入了共用体类型。

所谓共用体类型是指将不同的数据项组织成一个整体，它们在内存中占用同一段存储单元。共用体也是一种自定义类型，在使用前必须定义类型。其定义的一般形式为：

```
union 共用体名
{
    成员说明列表
};
```

例如：

```
union data
{
    int a ;
    float b;
    char c;
    double d;
};
```

注意：共用体数据类型与结构体类型在形式上非常相似，但其表示的含义及存储方式是完全不同的。

2. 共用体变量的说明

和定义结构体变量一样，定义共用体变量有 3 种方式。

1）先定义共用体类型，再定义共用体变量。

例如：

```
union data
{
    int a ;
    float b;
    char c;
```

```
    double d;
};
union data d1,d2;
```

2）在定义共用体类型的同时定义共用体变量。

例如：

```
union data
{
    int a ;
    float b;
    char c;
    double d;
}d1,d2;
```

3）定义共用体类型时，省略共用体类型名，同时定义共用体类型变量。

```
union
{
    int a ;
    float b;
    char c;
    double d;
}d1,d2;
```

9.7.2 共用体变量的使用

在定义共用体变量之后，就可以引用该共用体变量的某个成员，具体引用方式与结构体成员的引用相似。例如，引用上一节所定义的共用体变量 d1 的成员：

```
d1.a
d1.b
d1.c
d1.d
```

注意：一个共同体变量不能同时存放多个成员的值，而只能存放其中的一个值，这就是最后赋给它的值。

例如：

```
d1.a = 50;
d1.c = 'M';
d1.d = 20.5;
```

共用体变量 d1 的最后的值为：

```
20.5;
```

由上面的结果可以看出，共用体变量的值为最后一次的赋值，这是因为共用体各成员共用同一段内存空间，如图 9-5 所示。在使用共用体变量时，只能根据需要使用其中的某一个成员。

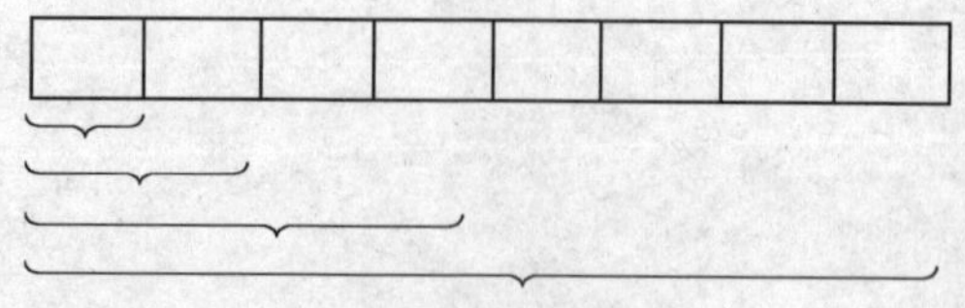

图 9-5　共用体成员所占空间

除了通过变量引用共用体成员外，也可以通过指针变量引用共用体成员。

例如：

```
union data *pt,x;
pt = &x;
pt -> a = 120;
pt -> b = 123.5;
pt -> c ='M';
pt -> d = 1234.56789;
```

上面代码中，pt 为指向共用体变量 x 的指针变量，代码中的 pt -> a 相当于 x.a，这和结构体变量的用法相似。

和结构体一样，共用体变量也不能直接通过变量名进行输入/输出，而是通过变量的成员实现输入/输出。此外，也可以将共用体变量直接赋值给另一个共用体变量。

例如：

```
union data d1,d2;
scanf("%c",&d1.c);
d2 = d1;
```

上面的代码首先定义了两个共用体变量 d1 和 d2，然后通过 scanf 语句输入变量 d1 的 c 成员的值，最后将变量 d1 赋值给 d2，此时 d2 的成员值和 d1 的成员值相同。

共用体在类型定义和变量引用时都和结构体有着很多相似之处，但它们有着本质的区别，共用体类型主要有如下特点。

1）同一个内存段可以用来存放几种不同类型的成员，但是在每一瞬间只能存放其中的一种，而不是同时存放几种。换句话说，每一瞬间只有一个成员起作用，其他的成员不起作用。

2）共用体变量中起作用的成员是最后一次存放的成员，在存入一个新成员后，原有成员就失去作用。

3）共用体变量的地址和它的各成员的地址都是同一地址。

4）不能对共用体变量名赋值，也不能企图引用变量名来得到一个值，并且不能在定义共用体变量时对它进行初始化。

5）不能把共用体变量作为函数参数，也不能使函数返回共用体类型，但可以使用指向共用体变量的指针。

6）共用体类型可以出现在结构体类型的定义中，也可以定义共用体数组。反之，结构体也可以出现在共用体类型的定义中，数组也可以作为共用体的成员。

【例 9-11】 设有一个教师与学生通用的表格，教师数据有姓名、年龄、职业、教研室 4 项。学生有姓名、年龄、职业、班级 4 项。编程输入人员数据，再以表格输出。

分析：

1）由于教师和学生都有共同的字段，因此可以将教师和学生信息共同用一个结构体类型 person 来表示，包含姓名、年龄、职业成员。

2）由于教师和学生有着不同的信息，即教师有教研室，而学生有班级，且它们数据类型不同，因此可以定义一个共用体 dept 来表示学生的班级和教师的教研室信息。

3）在输入时，判断如果是教师，则输入教研室信息；如果是学生，则输入班级信息。输出判断和输入判断一样即可。

程序代码：

```
#include "stdio.h"
union dept
{
    int class;                          //学生班级
    char office[10];                    //教师的教研室
};
struct person
{
    int num;                            //编号
    char name[20];                      //姓名
    char job;                           //职业
    union dept section;                 //学生的班级或教师的教研室
};
main()
{
    struct person p[10];
    int i;
    for(i=0;i<10;i++)
    {
        printf("\nPlease input num:");
        scanf("%d",&p[i].num);
        printf("\nPlease input name:");
        gets(p[i].name);
```

```
            printf("\nPlease input job(s|t):");
            scanf("%c",&p[i].job);
            if(p[i].job=='t')           //如果职业为 t,即为教师
            {
                printf("\nPlease input office:");
                gets(p[i].section.office);
            }
            else                        //如果职业为 s,即为学生
            {
                printf("\nPlease input class:");
                scanf("%d",&p[i].section.class);
            }
        }
        for(i=0;i<10;i++)               //输出教师和学生的信息
        {
            printf("%5d\t%20s\t%c\t",p[i].num,p[i].name,p[i].job);
            if(p[i].job=='t')
                printf("%s\n",p[i].section.office);
            else
                printf("%d\n",p[i].section.office);
        }
    }
```

9.8 精彩案例

本节主要介绍有关结构体应用的一些精彩案例，具体包括链表存储职工信息和链表翻转两个案例。

9.8.1 链表存储职工信息

【例 9-12】职工数据包括职工号、姓名以及工资等数据项，要求编写 input 函数输入 10 位职工信息，在 limit 函数中求最高工资的职工信息，并在 main 函数中输出最高工资职工信息。

分析：

1）先定义一个结构体 worker，包含职工号、姓名及工资。

2）在 input 函数中，输入 10 个职工信息，并返回头指针，因此，input 函数的格式为 "worker * input(int n)"，其中 n 表示输入的职工人数。

3）limit 函数的格式为 "worker * limit(work * head)"，其中 head 为职工信息的头指针，返回值为工资最高的职工信息。

程序代码：

```
#include "stdio.h"
#include "stdlib.h"
struct worker
{
    int num;
    char name[20];
    float salary;
    struct worker *next;
};
typedef struct worker WORKER;
WORKER *input(int n)
{
    WORKER *head, *p, *last;
    int i;
    for(i=0;i<n;i++)
    {
        p=(WORKER *)malloc(sizeof(WORKER));
        printf("\nPlease input number:");
        scanf("%d",&p->num);
        printf("\nPlease input name:");
        gets(p->name);
        printf("\nPlease input salary:");
        scanf("%f",&p->salary);
        p->next=NULL;
        if(i==0)
        {
            head=p;
            last=p;
        }
        else
        {
            last->next=p;
            last=p;
        }
    }
    return head;
}
WORKER *limit(WORKER *head)
{
    WORKER *p, *max;
    p=head;
    if(head==NULL)
```

```
            return head;
        max = p;
        while(p!= NULL)
        {
            if(p -> salary > max -> salary)
                max = p;
            p = p -> next;
        }
        return max;
    }
    main()
    {
        WORKER  * head, * max;
        head = input(10);
        max = limit(head);
        printf("\nmax salary:\n");
        printf("Num = %5d\nName = %s\nSalary = %.2f\n", max -> num, max -> name, max -> sala-
    ry);
    }
```

在上面的程序中，利用 input 函数输入了 10 个职工信息，并返回链表头节点 head，在 limit 函数中，利用求最大值的算法，遍历链表的所有结点，并求出最大值结点，最后返回最大值结点的指针。

9.8.2 链表翻转

【例 9-13】 编写程序，将上例中链表的所有结点首尾对调。

分析：

1）定义一个新的头结点指针 head1，遍历原来的链表，并将其结点 p 插入到新的链表中，并作为新链表的第 1 个元素，即采用链表头插入结点的方法。首尾对调的效果如图 9-6 所示。

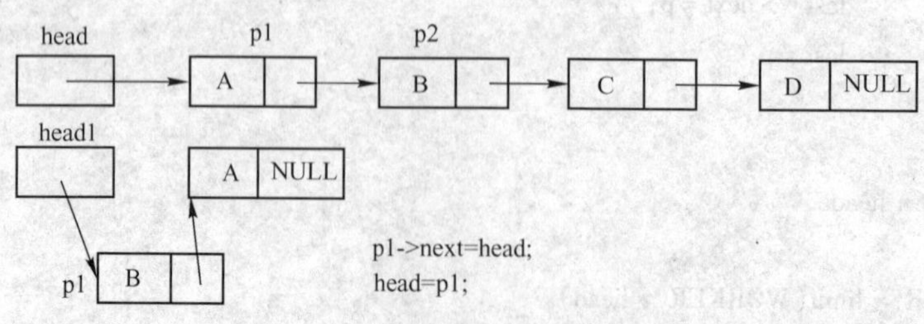

图 9-6 链表结点首尾对调

2）在将 head 原有链表结点插入到 head1 时，如果原有链表只有 1 个结点或没有结点，则不需要对调，只要返回 head 即可。

3）由于遍历原有链表结点时要改变当前结点 p1 的 next 指针值，因此需要用 p2 保存 p1 结点的后继结点 p2。

程序代码：

```
#include "stdio.h"
#include "stdlib.h"
struct worker
{
    int num;
    char name[20];
    float salary;
    struct worker *next;
};
typedef struct worker WORKER;
WORKER *input(int n)                                //生成链表
{
    WORKER *head,*p,*last;
    int i;
    for(i=0;i<n;i++)
    {
        p=(WORKER *)malloc(sizeof(WORKER));
        printf("\nPlease input number:");
        scanf("%d",&p->num);
        printf("\nPlease input name:");
        gets(p->name);
        printf("\nPlease input salary:");
        scanf("%f",&p->salary);
        p->next=NULL;
        if(i==0)
        {
            head=p;
        last=p;
        }
        else
        {
            last->next=p;
            last=p;
        }
    }
    return head;
}
WORKER *convert(WORKER *head)              //返回对调后的头指针
```

```
{
    WORKER  * p1, * p2, * head1;
    head1 = NULL;
    p1 = head;
    p2 = p1 -> next;
    if( p2 == NULL || head == NULL)       //如果链表没有结点或只有一个结点
        return head;
    while( p2 != NULL)
    {
        p1 -> next = head1;               //向 head1 中插入结点,采用头部插入法
        head1 = p1;
        p1 = p2;                          //指向下一个结点
        p2 = p2 -> next;
    }
    return head1;
}
void output( WORKER  * head)              //输出链表内容
{
    WORKER  * p;
    p = head;
    while( p != NULL)
    {
        printf( "%5d\t%20s\t%.2f\n", p -> num, p -> name, p -> salary);
        p = p -> next;
    }
}
main( )
{
    WORKER  * head;
    head = input(10);                 //输入 10 个职工信息
    output( head);                    //输出对调前的结点的值
    head = convert( head);            //将原有链表结点首尾对调
    output( head);                    //输出对调后的结点的值
}
```

在上面的程序中，定义了 3 个函数。input 函数用于输入 n 个职工信息，并返回链表的头指针；convert 函数用于将链表首尾对调；output 函数用于输出一个链表所有结点的内容。在 convert 函数中，采用链表头部插入法将原有链表的结点插入到新的链表。在插入过程中，由于要改变当前结点的后继指针，因此通过 p2 指针记录当前结点的后继结点。

本章小结

本章介绍了结构体和共用体两种自定义数据类型的定义方法和应用。

结构体主要用于具有不同数据类型的记录结构的数据访问，如学生信息、教师信息等。结构体变量可以通过“.”运算符访问内部成员，如 s. num；结构体指针变量可以通过“->”访问结构体成员，如 sp -> num。

结构体的最常见应用为链表的操作。链表是一种动态数据结构，可以根据需要临时申请内存空间。C 语言提供了 3 个常用的内存空间管理函数：malloc、alloc 和 free 函数，利用这些函数就可以实现对内存空间的申请和释放操作。链表的基本操作包括链表的建立、输入/输出、查找、插入、删除等操作。

共用体类型的变量可以使得存储区域中的数据对象在程序执行的不同时间能存储不同类型的值。共用体类型经常被用于结构体中。

以上两种自定义数据类型都必须遵循一个原则：先定义类型，后使用该类型。

通过对本章的学习，读者应该掌握结构体和共用体的定义方法和应用。应该重点掌握结构体类型、链表的操作等内容。

习题

一、选择题

1. C 语言结构体类型变量在程序执行期间________。

   A. 所有成员一直驻留在内存中

   B. 只有一个成员驻留在内存中

   C. 部分成员驻留在内存中

   D. 没有成员驻留在内存中

2. 设有如下定义：

```
struct sk
{
    int n;
    float x;
} data , *p;
```

若要使 p 指向 data 中的 n 域，正确的赋值语句是________。

   A. p = &data. n;

   B. *p = data. n;

   C. p = (struct sk *)&data. n;

   D. p = (struct sk *) data. n;

3. 以下对结构体变量 stu1 中成员 age 的非法引用是________。

```
struct student
{
    int age;
    int num;
} stu1, * p;
p = &stu1;
```

A. stu1. age

B. student. age

C. p -> age

D. (* p). age

二、编程题

1. 用链表结构保存学生的成绩信息，成绩信息包括：学号、姓名和3门课程的成绩，用create函数实现创建5个同学的成绩信息链表，用output函数以表格的形式输出5个同学的成绩信息，用average函数实现计算每个同学的3门课程的平均成绩，并通过数组返回。

2. 在上一题的基础上，编写insert函数实现对上述链表结点的插入操作，编写delete函数，实现通过学号删除结点的操作，编写clear函数，实现对链表的清空操作。

第10章　文　　件

在程序中，我们经常需要把程序的运行结果输出到磁盘上，或从磁盘上读入一些数据到程序中。如在使用一些字处理工具时，会利用打开一个文件来将磁盘的信息输入到内存，通过关闭一个文件来实现将内存数据输出到磁盘。这时的输入/输出是针对文件系统的，因此，文件系统也是重要的输入/输出对象。

和标准输入/输出一样，C 语言的文件操作也是由库函数来完成的。这些输入/输出函数分为两类：一类是标准文件输入/输出函数；另一类是非标准文件输入/输出函数。本章只介绍标准文件系统的输入/输出操作。

本章重点：

- 文件的打开与关闭函数的使用。
- 字符读写函数、字符串读写函数和格式化读写函数的用法。
- 文件读写定位函数的使用。

10.1　文件概述

1. 文件

所谓文件是指一组相关数据的有序集合。这个数据集有一个名称，叫做文件名。实际上，在前面的各章中已经多次使用了文件，例如源程序文件、目标文件、可执行文件、库文件（头文件）等。文件通常是驻留在外部介质（如磁盘等）上的，在使用时才调入内存。从不同的角度可对文件进行不同的分类。

（1）从用户的角度看，文件可分为普通文件和设备文件两种

普通文件是指驻留在磁盘或其他外部介质上的一个有序数据集，可以是源文件、目标文件、可执行程序，也可以是一组待输入处理的原始数据，或者是一组输出的结果，对于源文件、目标文件、可执行程序可以称作程序文件，对输入/输出数据可称作数据文件。

设备文件是指与主机相连的各种外部设备，如显示器、打印机、键盘等。在操作系统中，把外部设备也看作一个文件来进行管理，把它们的输入/输出等同于对磁盘文件的读和写。通常把显示器定义为标准输出文件，一般情况下，在屏幕上显示有关信息就是向标准输出文件输出。键盘通常被指定标准的输入文件，从键盘上输入就意味着从标准输入文件上输入数据。

（2）从文件编码的方式来看，文件可分为 ASCII 文件和二进制文件两种

ASCII 码文件也称为文本文件，这种文件在磁盘中存放时每个字符对应一个字节，用于存放对应的 ASCII 码。例如，数 2796 在文本文件中的存储形式如图 10-1 所示。

50	55	57	54

图 10-1　数字字符在文本文件中的存储形式

由图 10-1 可以看出，数字 2796 以字符的形式存储在磁盘上共占用 4 个字节。ASCII 码文件可在屏幕上按字符显示，例如源程序文件就是 ASCII 文件，用 DOS 命令 TYPE 可显示文件的内容。

二进制文件是按二进制的编码方式来存放文件的。例如，数 2796 的存储形式为 0000101011101100，只占 2 个字节。C 语言在处理这些文件时并不区分类型，都将它们看成字符流，按字节进行处理。

一般来说，二进制文件节省存储空间，并且由于在输入时不需要把字符代码先转换成二进制形式再送入内存，在输出时也不需要把数据由二进制形式转换为字符代码再输出，因而输入/输出速度较快。在编写程序时，从节省时间和空间的要求考虑，一般选用二进制文件。但如果打开文件，读取数据是为了阅读的，则一般使用 ASCII 码文件，它们可以方便、快捷地显示在显示器上。

（3）按是否是用缓冲区分为标准文件和非标准文件

相对于内存而言，磁盘是一个慢速设备，频繁的磁盘读写将大大降低系统的效率，同时也影响磁盘和驱动器的使用寿命。为了提高系统的效率，在使用标准文件系统函数进行磁盘读写时，文件系统将一批要读写的数据放入缓冲区，然后由应用程序从缓冲区依次将数据读入程序或写入磁盘，从而大大减少了系统直接对磁盘文件读写的次数。标准文件的读写过程如图 10-2a 和 10-2b 所示。

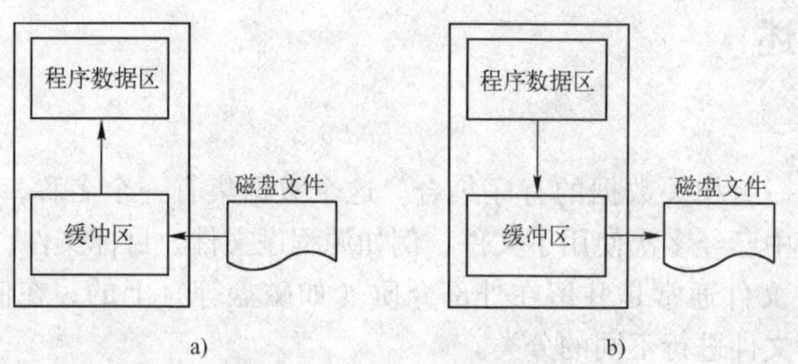

图 10-2　标准文件的读写过程

a）读磁盘文件　b）写磁盘文件

非标准文件系统不使用缓冲区操作文件，系统频繁地访问磁盘文件，运行效率较低，另外，非标准文件严重依赖于操作系统，因此，编程难度较大。

由于标准文件系统功能强，使用方便，由系统代替用户做了许多事情，提供了很多方便，因此，本章只介绍标准文件的读写操作。

2. 文件的存取方式

C 语言中提供了两种文件存取方式。

（1）顺序存取

顺序存取文件的特点是：每当打开文件进行读或写操作时，总是从文件的开头开始，从头到尾顺序地读或写，也就是说，当顺序存取文件时，要读第 n 个字节时，先要读取前 n – 1 个字节，而不能一开始就读第 n 个字节；要写第 n 个字节时，先要写前 n – 1 个字节。

（2）直接存取

直接存取文件又称随机存取文件，其特点是：可以通过调用 C 语言的库函数去指定开始读（写）的字节号，然后直接对此位置上的数据进行读（写）操作。前面介绍的文本文件和二进制文件都可以用顺序存取方式或直接存取方式进行存取。

10.2 文件的打开与关闭

在 C 语言中操作文件时，必须经过 3 个步骤，分别是：打开文件、读写文件和关闭文件。本节介绍文件指针、文件的打开和文件的关闭 3 部分内容。

10.2.1 文件指针

在 C 语言中用一个指针变量指向一个文件，这个指针称为文件指针。通过文件指针就可对它所指的文件进行各种操作。

定义说明文件指针的一般形式为：

```
FILE *指针变量标识符;
```

其中 FILE 应为大写，它实际上是由系统定义的一个结构体，该结构中含有文件名、文件状态和文件当前位置等信息。FILE 数据结构定义在 stdio.h 头文件中，具体结构如下：

```
typedef struct
{
    short level;
    unsigned flags;
    char fd;
    unsigned char hold;
    short bsize;
    unsigned char *buffer;
    unsigned char *curp;
    unsigned istemp;
    short token;
}FILE;
```

在编写源程序时，实际上不必关心 FILE 结构的细节。在 C 语言中操作文件时（打开、读写、关闭）都是通过文件指针来实现的，因此，在程序中必须定义一个文件指针变量，文件指针变量的一般形式为：

```
FILE *变量名;
```

例如：

```
FILE *fp;
```

表示 fp 是指向 FILE 结构的指针变量，通过 fp 即可访问存放某个文件信息的结构体变量，然后按结构体变量提供的信息找到该文件，实施对文件的操作。我们把 fp 称为指向一个文件的指针。

10.2.2　文件的打开

在 C 语言中，标准文件的打开通过 fopen 函数来实现，其调用的一般形式为：

```
FILE * fopen(char * filename,char * mode)
```

其中，fopen 是返回值为 FILE 类型的指针变量；filename 是被打开文件的文件名，文件名是字符串常量或字符串数组；mode 是文件的存取方式。

例如：

```
FILE *fp;
fp = fopen("file.dat","r");
```

其意义是在当前目录下打开 file. dat 文件，文件操作方式设定为“只读”方式，并将文件指针变量 fp 指向该文件。

又如：

```
FILE *fp1;
fp1 = ("c:\\windows\\notepad.exe',"rb");
```

其意义是打开 C 盘 windows 文件夹下的文件 notepad. exe，这是一个二进制文件，文件操作方式设定为“二进制读”方式，并将文件指针变量 fp1 指向该文件。根据前面介绍的转义字符的使用可知，若需要表示一个“\”字符，需要使用“\\”，因此，在文件名中使用两个反斜线“\\”表示目录分隔符。

在 C 语言中，文件的存取方式共有 12 种，它们的符号和意义如表 10-1 所示。

表 10-1　文件的存取方式

文件存取方式	意　义
"r"	只读，打开一个文本文件，只允许读数据
"w"	只写，打开或建立一个文本文件，只允许写数据
"a"	追加，打开一个文本文件，并在文件末尾写数据
"rb"	只读，打开一个二进制文件，只允许读数据
"wb"	只写，打开或建立一个二进制文件，只允许写数据
"ab"	追加，打开一个二进制文件，并在文件末尾写数据
"r+"	读写，打开一个文本文件，允许读和写
"w+"	读写，打开或建立一个文本文件，允许读写
"a+"	读写，打开一个文本文件，允许读，或在文件末追加数据
"rb+"	读写，打开一个二进制文件，允许读和写
"wb+"	读写，打开或建立一个二进制文件，允许读和写
"ab+"	读写，打开一个二进制文件，允许读，或在文件末追加数据

由表 10-1 可以看出，在存取方式中，所有带“+”号的存取方式都表示既能读也能写。“w+”和“r+”的区别在于：利用“w+”存取方式打开文件时，如果文件不存在，系统将自动建立该文件，并返回该文件的文件指针；而以“r+”方式打开一个文件时，如果该文件不存在，则会提示打开文件失败，fopen 函数的返回值是一个空指针 NULL。

对于文件使用方式，有以下几点说明。

1）用含有字符“w”的方式打开文件时，若打开的文件不存在，则以指定的文件名建立该文件。

2）若要向一个已存在的文件追加新的信息，只能用含有字符“a”的方式打开文件。但此时该文件必须是存在的，否则将会出错。

3）在打开一个文件时，如果出错，fopen 将返回一个空指针值 NULL。在程序中可以用这一信息来判别是否成功打开文件，并作相应的处理。因此常用以下程序段打开文件：

```
if((fp=fopen("c:\\windows\\notepad.exe","rb"))==NULL)
{
    printf("\n 打开文件 c:\\windows\\notepad.exe 出错!");
    exit(1);
}
```

上面程序的意义是，如果返回的指针为空，表示不能打开 C 盘 windows 文件夹下的 notepad.exe 文件，并给出提示信息“打开文件 c:\windows\notepad.exe 出错!”。程序中使用了 exit 函数返回操作系统，该函数也将关闭所有打开的文件。一般使用时，exit(0)表示程序正常返回，若函数参数为非零值，表示出错返回，如 exit(1)。

4）标准输入文件（键盘）、标准输出文件（显示器）和标准出错输出（出错信息）的文件指针变量是由系统自动定义的，在程序中可以直接使用。它们指针变量说明如表 10-2 所示。

表 10-2　标准设备文件及其 FILE 结构指针变量名

设 备 文 件	FILE 结构指针变量名
标准输入（键盘）	stdin
标准输出（显示器）	stdout
标准辅助输入/输出（异步串行口）	stdaux
标准打印（打印机）	stdprn
标准出错输出	stderr

10.2.3　文件的关闭

在程序完成文件的读写操作后，必须关闭文件。这是因为打开磁盘文件进行写入时，若缓冲区未被填满，这些内容将被保存在缓冲区中，而不写入磁盘文件，当进行关闭文件操作时，系统才将缓冲区的内容写入文件。因此，如果向文件写入数据后没有关闭文件，将造成数据的丢失。

关闭文件的操作函数为 fclose，函数调用的一般形式为：

```
int fclose(FILE *fp)
```

fclose 函数关闭与 fp 相连接的文件，并把它的缓冲区内容全部写入文件。在 fclose 函数调用以后，文件指针 fp 不再指向此文件。fclose 函数关闭文件操作成功后，函数返回 0；失败则返回非零值。

【例 10-1】打开和关闭一个可读可写的二进制文件。

```
#include <stdio.h>
main( )
{
    FILE *fp;
    if ((fp = fopen("text.dat","rb")) == NULL)
    {
        printf("打开文件失败！\n");
        exit(1);
    }
    …                              //文件读写的代码
    if (fclose(fp))
        printf("关闭文件失败！\n");
}
```

上面的程序利用 fopen 函数打开 text. dat 文件，最后用 fclose 函数关闭文件。

在 C 语言中还提供了一个关闭所有打开文件的函数 fcloseall，函数调用的一般形式为：

```
n = fcloseall( );
```

其中，n 为关闭文件的数目。

例如，若程序已打开 3 个文件，当执行

```
n = fcloseall( );
```

时，系统将关闭这 3 个文件，且 n 的值为 3。

10.3 文件读写函数

当文件按指定的工作方式打开以后，就可以对文件进行读写操作。下面按文件的性质分类进行操作。针对文本文件和二进制文件的不同性质进行讲解。对文本文件来说，可按字符读写或按字符串读写；对二进制文件来说，可进行成块的读写或格式化的读写。

10.3.1 读写文件字符函数

C 语言提供了 fgetc 函数和 fputc 函数对文本文件进行字符的读写，这两个函数被定义在 stdio. h 头文件中。

1. 读字符函数 fgetc

fgetc 函数用于从文件读取一个字符。该函数调用的形式为：

```
int fgetc(FILE *stream)
```

例如：

```
ch = fgetc(fp);
```

上面的代码表示从 fp 指向的文件中读取一个字符赋给变量 ch，fgetc 函数的返回值就是该字符。读完当前字符后，该函数将文件指针指示器移到下一个字符处，如果已到文件末尾，则函数返回 EOF。

2. 写字符函数 fputc

fputc 函数用于将一个字符的值写入所指定的流文件的当前位置处，并将文件指针后移一位。该函数调用的形式为：

```
int fputc(int ch,FILE *stream)
```

例如：

```
fputc(ch,fp);
```

上面的代码表示将字符 ch 写入 fp 指向的文件。fputc 函数的返回值是所写入字符的值，出错时返回 EOF。

【例 10-2】 用户输入一个完整路径的文件名，将该文件的内容显示在显示器上。

分析：

1）输入一个文件名，放入数组 filename 中。

2）打开 filename 文件。

3）利用 fgetc 函数循环读取文件的字符，并显示在显示器上。

4）关闭 filename 文件。

程序代码：

```
#include "stdio.h"
main()
{
    FILE *fp;
    char filename[80];
    char ch;
    printf("\n 请输入文件名称:");
    gets(filename);
    if((fp=fopen(filename,"r"))==NULL)          //打开文件
    {
        printf("打开文件失败! \n");
        exit(1);
    }
    while((ch=fgetc(fp))!=EOF)                  //循环读取文件的内容
        putchar(ch);
    putchar('\n');
    fclose(fp);                                 //关闭文件
}
```

上面的程序读取了用户输入的文件内容，并将结果显示在显示器上。其中，putchar(ch)函数也可以用 fputc(ch,stdout)函数代替。

【例 10-3】 用户输入字符，将输入的字符保存到一个文件中，文件名由用户输入。

分析：

1）输入一个文件名，放入数组 filename 中。

2）打开 filename 文件。

3）循环读取字符，利用 fputc 函数将字符写入文件 filename。

4）关闭 filename 文件。

程序代码：

```
#include "stdio.h"
main()
{
    FILE *fp;
    char filename[80];
    char ch;
    printf("\n 请输入文件名称:");
    gets(filename);
    if((fp = fopen(filename,"w")) == NULL)          //打开文件用于写
    {
        printf("打开文件失败\n");
        exit(1);
    }
    printf("\n 请输入一个字符串:");
    while((ch = getchar())!='\n')                    //循环读取字符
        fputc(ch,fp);                                //写入文件
    fclose(fp);                                      //关闭文件
}
```

运行上面的程序，输入：

```
c:\\text.txt
how do you do!
```

输入完成后，在 C 盘根目录下将建一个 text.txt 的文件，文件的内容为“how do you do!”。

10.3.2 读写文件字符串函数

C 语言提供了两个对文件字符串读写的函数，分别是 fgets 函数和 fputs 函数。

1. 读字符串函数 fgets

fgets 函数用于从文件中读取一个字符串。该函数的调用形式为：

```
char * fgets(char *str,int n,FILE *stream)
```

fgets 函数从流文件 stream 中读取 n－1 个字符，并把它们放入 str 指向的字符数组中。

fgets 函数在读取字符时，若遇到回车符，将停止输入，并将回车符也作为一个字符放入数组中；若遇到 EOF（文件结束符），也将停止输入。fgets 函数在读入字符串之后，自动为字符串添加结束符 '\0'，因此，送入字符数组中的字符串最多为 n 个字符（包括 '\0'）。

fgets 函数执行完后，返回一个指向该字符串的指针，即字符数组的首地址。如果读到文件末尾或出错，则返回一个空值 NULL。在实际编程中，经常采用 feof 函数来测定是否读到文件末尾。

2. 写字符串函数 fputs

fputs 函数用于向一个文件中写入一个字符串。该函数的调用形式为：

```
char * fputs(char *str,FILE *stream)
```

其中，字符串可以是字符串常量，也可以是字符数组名或指针变量。

例如：

```
fputs("abcd",fp);
```

其意义是把字符串"abcd"写入 fp 所指的文件之中。

【例 10-4】 编写程序，读取一个文件的内容，其中文件名由用户输入。

分析：

1）输入一个文件名，放入数组 filename。

2）打开 filename 文件。

3）利用 fgets 函数循环从文件中读取内容，并输出。

4）关闭文件。

程序代码：

```
#include "stdio.h"
main()
{
    FILE *fp;
    char filename[80];
    char str[80];
    printf("\n 请输入文件名称:");
    gets(filename);
    if((fp=fopen(filename,"r"))==NULL)              //以只读方式打开文件
    {
        printf("打开文件失败! \n");
        exit(1);
    }
    while(! feof(fp))                               //测试文件是否结束
        if(fgets(str,80,fp)!=NULL)                  //测试读取内容是否为空
            printf("%s",str);
```

```
    printf("\n");
    fclose(fp);                              //关闭文件
}
```

【例 10-5】 编写程序，实现文件的复制操作，其中源文件名和目标文件名由用户输入。

分析：

1）输入源文件名和目标文件名，分别存入字符数组 sfile 和 dfile 中。

2）以只读方式打开 sfile 文件，以写入方式打开 dfile 文件。

3）利用 fgets 函数从 sfile 中读入数据并放入数组 str，利用 fputs 函数将 str 数组内容写入 dfile。

4）关闭 sfile 文件和 dfile 文件。

程序代码：

```
#include "stdio.h"
main()
{
    FILE *fps, *fpd;
    char sfile[80],dfile[80];
    char str[80];
    printf("\n 请输入源文件名:");
    gets(sfile);
    printf("\n 请输入目标文件名:");
    gets(dfile);
    if((fps=fopen(sfile,"r"))==NULL)              //以只读方式打开源文件
    {
        printf("打开源文件失败！\n");
        exit(1);
    }
    if((fpd=fopen(dfile,"w"))==NULL)              //以写入方式打开目标文件
    {
        printf("打开目标文件失败！\n");
        exit(1);
    }
    while(!feof(fps))                             //测试源文件文件是否结束
        if(fgets(str,80,fps)!=NULL)               //测试读取内容是否为空
            fputs(str,fpd);                       //将内容写入到目标文件中
    fclose(fps);                                  //关闭源文件
    fclose(fpd);                                  //关闭目标文件
    printf("\n 复制成功！\n");
}
```

运行上面的程序，输入两个文件名，实现文件的复制操作。其中，源文件必须存在，目标文件可以不存在，系统将自动建立用户输入的文件。

10.3.3 格式化读写

在实际应用中，有时需要按照规定的格式进行文件的读写，这时就需要使用格式化读写文件的函数。C 语言提供两个格式化读写函数，分别是 fscanf( ) 函数和 fprintf( ) 函数。

1. 格式化读函数 fscanf

fscanf 函数用于从一个文件中按照指定的格式读入数据。该函数的调用形式为:

```
int fscanf(FILE *stream,char *format,arg_list)
```

其中，stream 为文件指针；format 为格式化串，和 scanf 函数的格式化串相同；arg_list 为变量地址列表。

例如:

```
fscanf(fp,"%d%s",&i,s);
```

上面语句的含义是：从 fp 指向的文件中读取一个整数放入变量 i，读取一个字符串放入 s。

2. 格式化写函数 fprintf

fprintf 函数用于向一个文件中写入指定格式的数据。该函数的调用形式为:

```
int fprintf(FILE *stream,char *format,arg_list)
```

其中，stream 为文件指针；format 为格式化串，和 printf 函数的格式化串相同；arg_list 为变量列表。

例如:

```
fprintf(fp,"%s%d%f",s,a,b);
```

上面语句的含义是：将字符串 s、整型变量 a 和实型变量 b 的内容写入 fp 所指向的文件。

【例 10-6】 用户从键盘上输入一个学生的信息，包括学号、姓名、年龄，将学生信息写入到 c:\student. txt 文件中。

分析:

1）定义一个结构体 student，包含学号、姓名、年龄。

2）输入学生信息到 student 类型变量 s1 中。

3）利用 fprintf( ) 函数将 s1 输出到 c:\student. txt 中。

程序代码:

```
#include "stdio.h"
struct student
{
    int num;
    char name[20];
    int age;
};
typedef struct student STUDENT;
main()
```

```
{
    FILE *fp;
    STUDENT s1;
    printf("\n 请输入学号:");
    scanf("%d",&s1.num);
    printf("\n 请输入姓名:");
    scanf("%s",s1.name);
    printf("\n 请输入年龄:");
    scanf("%d",&s1.age);
    if((fp=fopen("c:\\student.txt","w"))==NULL)      //以写入方式打开文件
    {
        printf("open file fail! \n");
        exit(1);
    }
    //向文件中写入格式化数据
    fprintf(fp,"%d,%s,%d\n",s1.num,s1.name,s1.age);
    printf("\n 文件保存成功! \n");
    fclose(fp);                                      //关闭文件
}
```

运行上面的程序，输入：

```
10001
Li Mei
20
```

上面输入的信息将保存在 c:\student.txt 文件中，文件内容为：10001，Li Mei，20。

10.3.4 块读写

前面介绍的几个读写文件的函数，对复杂数据类型无法以整体形式向文件写入或从文件读出。C 语言提供两个成块读写文件的函数，用于一次性读写数组或结构体等复杂类型的数据。这两个函数分别是 fread 函数和 fwrite 函数。

1. 按块读函数 fread

fread 函数用于按块读数据。该函数的调用形式为：

```
int fread(void *buffer,int size,int count,FILE *stream)
```

其中，buffer 是一个指针，为存放数据的首地址；size 表示数据块的字节数；count 表示读取数据项的个数；stream 表示文件指针。

例如：

```
struct student
{
```

```
        int num;
        char name[20];
        int age;
    }st;
    fread(&st,sizeof(struct student),1,fp);
```

上面语句的含义是从 fp 所指向的文件中读取一个结构体数据，并将读取的数据放入结构体变量 st。

fread 函数返回实际已读取的数据项数。若函数调用时要求读取的数据项数超过文件存放的数据项数，则出错或已到文件尾，在实际操作时应注意检测。

2. 按块写函数 fwrite

fwrite 函数用于向文件中按块写入数据。该函数的调用形式为：

```
int fwrite(void *buffer,int size,int count,FILE *stream)
```

其中，buffer 是一个指针，为写入数据的首地址；size 表示数据块的字节数；count 表示写入的数据项的个数；stream 表示文件指针。

fwrite 函数从 buffer（缓冲区）指向的字符数组中把 count 个数据项写入到 stream 所指向的流中，每个数据项为 size 个字节，函数操作成功时返回所写数据项数。

注意：关于成块的文件读写，只能以二进制方式进行文件操作。

【例 10-7】 向磁盘写入结构体类型数据，再从该文件读出显示到屏幕。

```
#include "stdio.h"
#include "stdlib.h"
main()
{
    FILE *fp1;
    int i;
    struct stu{             //定义结构体
        char name[15];
        char num[6];
        float score[2];
    }s;
    //以二进制写方式打开文件*/
    if((fp1=fopen("test.txt","wb"))==NULL)
    {
        printf("打开文件失败！\n");
        exit(1);
    }
    printf("input data:\n");
    for(i=0;i<2;i++)
```

```
    {
        // 输入一记录
        scanf("%s%s%f%f",s.name,s.num,&s.score[0],&s.score[1]);
        fwrite(&s,sizeof(s),1,fp1);          // 成块写入文件
    }
    fclose(fp1);
    //重新以二进制读打开文件
    if((fp1=fopen("test.txt","rb"))==NULL)
    {
        printf("打开文件失败!");
        exit(1);
    }
    printf("文件内容如下:\n");
    for (i=0;i<2;i++)
    {
        fread(&s,sizeof(s),1,fp1);           // 从文件成块读
        //显示到屏幕
        printf("%s%s%7.2f%7.2fn",s.name,s.num,s.score[0],s.score[1]);
    }
    fclose(fp1);
}
```

运行上面的程序，输入：

```
zhang 1001 87.5 98.4
wang 1002 99.5 89.6
```

输出结果为：

```
文件内容如下:
zhang 1001 87.50 98.40
wang 1002 99.50 89.60
```

10.4 文件定位与随机读写

1. 文件的定位

前面介绍的文件读写方式都是顺序读写，即读写文件时，只能从头开始，按照数据的先后顺序进行读写。但在实际问题中常要求只读写文件中某指定的部分。在 C 语言中，可通过随机读写来解决这个问题。随机读写是指可以移动文件内部的位置指针到需要读写的位置，再进行读写。实现随机读写的关键是文件的定位，即按要求移动位置指针。C 语言的文件定位函数主要有 3 个：rewind 函数、fseek 函数和 ftell 函数。

（1）rewind 函数

rewind 函数的功能是把文件内部的位置指针移到文件首。该函数的调用形式为：

```
rewind(FILE *stream);
```

例如:

```
rewind(fp);
```

上面语句的含义是将 fp 文件的位置指针移到文件开始位置。

(2) fseek 函数

fseek 函数用来移动文件内部位置指针。该函数的调用形式为:

```
fseek(FILE *stream,long offset,int origin);
```

其中，stream 表示指向被移动的文件的指针；offset 表示移动的字节数，要求位移量是 long 型数据，以便在文件长度大于 64 KB 时不会出错，当用常量表示位移量时，要求加后缀“L”；origin 表示从何处开始计算位移量，规定的起始点有 3 种：文件开头、当前位置和文件末尾，其表示方法如表 10-3 所示。

表 10-3　位置指针起始位置及其符号代表

起 始 点	符 号 代 表	数 字 表 示
文件开头	SEEK_SET	0
当前位置	SEEK_CUR	1
文件末尾	SEEK_END	2

例如:

```
fseek(fp,100L,0);
```

或

```
fseek(fp,100L,SEEK_SET);
```

其意义是把 fp 所指向的文件位置指针移到距离文件开头 100 个字节处。还要说明的是，fseek 函数一般用于二进制文件。由于在文本文件中要进行转换，因此在计算文件的位置时经常会出现错误。

(3) ftell 函数

ftell 函数用于获取文件的当前读写位置。该函数的调用形式为:

```
long ftell(FILE *stream)
```

其中，stream 为指向文件的指针；返回值为当前读写位置距离文件开头的字节数。

例如:

```
b = ftell(fp);
```

上面语句的含义是获取 fp 指向的文件的当前读写位置，并将其值赋予变量 b。

2. 文件的随机读写

在移动位置指针之后，即可用前面介绍的任一种读写函数进行读写。由于一般是读写一个数据块，因此常用 fread 函数和 fwrite 函数来实现随机读写。

【例 10-8】 写入 5 个学生记录，记录内容为学生姓名、学号、两科成绩。写入成功后，由用户输入一个记录，读取并显示指定记录的内容。

分析：

1）定义结构体 student，并定义一个数组 st[5] 和 stu1，用来保存用户输入的所有学生成绩信息和读取的指定学生的成绩信息。

2）以二进制写方式打开文件 c:\student. txt。

3）输入学生成绩信息，并将结果利用 fwrite 函数写入文件 c:\student. txt 中。

4）重新以二进制只读的方式打开文件 c:\student. txt。

5）输入要查询的记录号。

6）利用 fseek 函数定位文件指针，并利用 fread 函数读入成绩信息，并保存到 stu1 变量中。

7）输出 stu1 变量的内容。

程序代码：

```
#include < stdio. h >
#include < stdlib. h >
#define N 5
main( )
{
    FILE  * fp1;                              //定义文件指针
    char temp[20];
    int i;
    int num;
    struct student{                           //定义学生记录结构
        char name[15];
        int num;
        float score[2];
    } st [N],stu1;
      //以二进制只写方式打开文件
      if( (fp1 = fopen( "test. txt" ," wb" ) ) = = NULL)
      {
            printf( "打开文件失败！ \n" ) ;
            exit(1) ;
      }
      for( i =0;i < N;i ++ )
      {
            printf( "\n 请输入姓名:") ;     //输入姓名
            gets( st[i]. name) ;
            printf( "\n 请输入学号:") ;
            gets( temp) ;                    //输入学号
            st[i]. num = atoi( temp) ;
```

```
            printf("\n 请输入成绩 1:");
            gets(temp);                                         //输入第一科成绩
            st[i].score[0] = atof(temp);
            printf("\n 请输入成绩 2:");
            gets(temp);                                         //输入第二科成绩
            st[i].score[1] = atof(temp);
            fwrite(&st[i],sizeof(struct student),1,fp1);        //成块写入
        }
    fclose(fp1);                                                //关闭文件
    //以二进制只读方式打开文件
    if((fp1 = fopen("test.txt","rb")) == NULL)
    {
        printf("打开文件失败! \n");
        exit(1);
    }
    printf("\n 请输入记录号(1~5):");
    scanf("%d",&num);
    //定位文件指针到第 num 条记录
    fseek(fp1,(num - 1) * sizeof(struct student),SEEK_SET);
    //从指定位置读取 1 条记录
    fread(&stu1,sizeof(struct student),1,fp1);
    printf("\n% -15s% -7d% 7.2f% 7.2f\n",stu1.name,stu1.num,stu1.score[0],stu1.score
[1]);
}
```

运行上面的程序，并按指定要求输入下列数据：

```
Zhang    10001    90    80
Wang     10002    88    77
Ding     10003    70    80
Zhao     10004    60    88
Qian     10005    70    70
```

在输入查询的记录时，输入“3”，程序的输出结果为：

```
Ding     10003    70    80
```

在本例中，先是由用户输入数据到数组 st 中，再将数组内容利用 fwrite 函数以二进制的形式写入文件。最后，用户输入一个记录号，根据用户输入的记录号，利用 fseek 函数和 fread 函数读取指定记录内容并显示在显示器上。

在输入过程中，为了不出现过多的麻烦，用 gets 来输入所有成员的值，然后用以下函数转化为相应的类型：

```
int atoi(char *)          //将字符串转换为整数
double atof(char *)       //将字符串转换为实数
long atol(char *)         //将字符串转换为长整型
```

10.5 文件检测函数

C 语言中常用的文件检测函数有以下几个。

1. 文件结束检测函数 feof

feof 函数用于检测文件指针是否处于文件结束位置。该函数的调用形式为：

```
int feof(FILE *stream);
```

其中，stream 为指向文件的指针；如文件结束，则返回值为 1，否则为 0。

例如：

```
while(! feof(fp))
{
    文件操作语句
}
```

上面代码的含义是如果文件还没有处于结束位置，循环操作执行文件操作语句。

2. 读写文件出错检测函数 ferror

ferror 函数用于检测文件在用各种输入/输出函数进行读写时是否出错。该函数的调用形式为：

```
int ferror(FILE *stream);
```

其中，stream 为指向文件的指针；如果返回值为 0，表示读写数据时未出错，否则表示出错。

3. 文件出错标志和文件结束标志置 0 函数 clearerr

clearerr 函数用于清除出错标志和文件结束标志，使它们为 0 值。该函数的调用形式为：

```
clearerr(FILE *stream);
```

其中，stream 为指向文件的指针。

假设在调用一个输入/输出函数时出现错误，ferror 函数值为一个非 0 值。在调用 clearer(fp)后，ferror(fp)的值变成 0。只要出现错误标志，就一直保留，直到对同一文件调用 clearer 函数或 rewind 函数，或任何其他一个输入/输出函数。

10.6 精彩案例

本节主要介绍有关文件操作的一些精彩案例，具体包括文件加密和成绩信息管理两个案例。

10.6.1 文件加密

【例 10-9】 编写一个文件加密的程序。用户输入一个文件名和一个整数（作为密码），可以对文件进行加密。

加密思想：在位运算中，假设 c = a^b，那么 c^b 的结果为 a，因此可以把 a 当作原数据，b 作为加密密码，c 则为加密后的数据；如果需要将原数据 a 加密，只须将 a 异或密码 b 即可；如果需要解密，只需要将加密结果再次异或密码 b 即可。其中：运算符“^”为异或运算符。

分析：

1）编写函数 encrypt(char * filename,int password)，其功能为利用 password 将文件 filename 加密。

2）在 encrypt 函数中，以二进制读写方式打开 filename 文件。

3）利用 fgetc 读取一个字符到 ch 中，ch = ch^password，由于 fgetc 函数使得文件的指针自动下移，因此，如果想将加密的结果写入原来位置，文件指针必须前移 1 位，即用 fseek(fp1,-1,SEEK_CUR)；再利用 fputc 函数将加密结果写入文件；然后需要将文件指针移动 2 位，读取下一个字符，循环读取、加密、写入。

4）解密操作和加密操作相同。

程序代码：

```
#include <stdio.h>
#include <stdlib.h>
//filename 文件名,password 加密密码
void encrypt(char *filename,int password)
{
    FILE *fp1;                                      //定义文件指针
    int ch;
    if ((fp1 = fopen(filename,"rb+")) == NULL)      //以二进制读写方式打开文件
    {
        printf("打开文件失败! \n");
        exit(1);
    }
    while((ch = fgetc(fp1)) != EOF)                 //循环读取字符
    {
        ch^ = password;                             //加密字符
        fseek(fp1,-1,SEEK_CUR);                     //指针往前移一位
        fputc(ch,fp1);                              //写入加密的字符
        fseek(fp1,2,SEEK_CUR);                      //将指针后移 2 位,读取下一个字符
    }
    fclose(fp1);                                    //关闭文件
```

```
}
main( )
{
    char filename[80];
    int pass;
    printf("\n请输入文件名:");
    gets(filename);
    printf("\n请输入密码:");
    scanf("%d",&pass);
    encrypt(filename,pass);
    printf("加密成功! \n");
}
```

运行上面的程序，输入：

```
c:\windows\notepad.exe
100
```

运行完程序后，打开 c:\windows\notepad.exe 文件，会发现无法打开该文件。再次运行上面的程序，输入相同内容，完成文件的解密操作。

由于文件的打开方式为二进制，而所有文件的内容在计算机里都是二进制的形式，因此，上面的程序适用于任何类型的文件的加密。

10.6.2 成绩信息管理

【例 10-10】 编写程序，实现成绩信息的输入、查询操作。成绩信息包括：学号、姓名、数学成绩、英语成绩数和 C 语言成绩。

分析：

1）定义成绩信息数据结构 score。

2）编写一个 input(struct score * s)函数，用于输入一个学生的成绩信息。

3）编写成绩信息输入函数 save(char * filename,struct score * sc)，实现将 sc 的成绩信息写入到 filename 文件，如果文件存在，则追加，否则新建一个文件并保存。

4）编写按学号查询函数 query(char * filename, int num, struct score * s)，实现从 filename 文件中查找指定学号的记录，并将查找结果放入 s，同时返回 s。如果未找到指定的学号，则返回 NULL。

5）在主程序中调用 input 函数、save 函数和 query 函数。

程序代码：

```
#include <stdio.h>
#include <stdlib.h>
typedef struct
{
```

```
    int num;
    char name[20];
    float score[3];
}SCORE;
void input(SCORE *s)                        //输入一个成绩信息
{
    char temp[20];
    int i;
    printf("\nPlease input num:");
    gets(temp);
    s->num=atoi(temp);
    printf("\nPlease input name:");
    gets(s->name);
    for(i=0;i<3;i++)
    {
        printf("\nPlease input score %d:",i+1);
        gets(temp);
        s->score[i]=atof(temp);
    }
}
//filename 保存成绩的文件名,s 成绩信息指针
void save(char *filename,SCORE *s)
{
    FILE *fp;
    if((fp=fopen(filename,"ab"))==NULL)     //如果追加文件 filename 不存在
    {
        fp=fopen(filename,"wb");            //新建文件 filename
    }
    fwrite(s,sizeof(SCORE),1,fp);           //将成绩信息写入文件
    fclose(fp);                             //关闭文件
}

//filename 保存成绩的文件名,num 要查询的学号,s 保存查询结果
SCORE *query(char *filename,int num,SCORE *s)
{
    FILE *fp;
    if((fp=fopen(filename,"rb"))==NULL)     //如果打开文件不存在
        return NULL;                        //返回空指针
    while(!feof(fp))
    {
        fread(s,sizeof(SCORE),1,fp);        //将成绩信息写入文件
        if(s->num ==num)                    //如果找到相应的学号
```

```
        {
            fclose(fp);
            return s;
        }
    }
    fclose(fp);                                    //关闭文件
    return NULL;                                   //没有找到,返回 NULL
}
main( )
{
    char ch;
    char filename[80];
    int num;
    SCORE sc, * sp = &sc;
    printf("\nPlease input operation's filename:");
    gets(filename);
    printf("\nInput data now? (y/n):");
    ch = getchar();
    getchar();
    while(ch =='y' || ch =='Y')        //循环录入成绩信息,直到用户输入 n 为止
    {
        input(sp);                     //录入成绩信息,保存到 sp 中
        save(filename,sp);             //将 sp 的内容保存到文件中
        printf("\nContinue(y/n):");
        ch = getchar();
        getchar();
    }
    printf("\nPlease input number of query:");
    scanf("%d",&num);
    if(query(filename,num,sp) != NULL)        //查询指定的学号
    {
        printf("% -7s% -20s","Num","Name");
        printf("% -12s% -12s% -12s\n","Math","English","Computer");
        printf("% -7d% -20s ",sp -> num,sp -> name);
        printf("% -12.2f% -12.2f% -12.2f\n",sp -> score[0] ,sp -> score[1] ,sp -> score
[2]);
    }
    else
    {
        printf("\nNo result\n");
    }
}
```

本例程序代码可以多次运行，并将多次输入的结果追加保存到指定的文件中。同时，本例程序代码可以从指定的文件中按学号查询学生成绩信息。

本章小结

本章介绍了 C 语言文件系统、顺序文件的读写、随机文件的读写和文件检测函数。

C 语言文件按文件编码的方式来分可分为二进制文件和 ASCII 码文件。文件的存取方式分为顺序存取和直接存取。

文件的存取过程为：打开文件、读写文件、关闭文件。这些操作都是通过 C 语言函数实现的，fopen 函数实现文件的打开操作，fclose 函数实现文件的关闭操作。

顺序文件的读写函数分为：字符存取函数 fgetc 函数和 fputc 函数、字符串存取函数 fgets 函数和 fputs 函数、格式化存取函数 fscanf 函数和 fprintf 函数，以及块存取函数 fread 函数和 fwrite 函数。

直接存取（随机存取）文件时，需要定位文件位置指针，C 语言提供了两个函数用于定位文件指针，分别为 rewind 函数和 fseek 函数。rewind 函数将文件指针移到文件开头处；fseek 函数用于将文件指针定位到任何位置。在使用文件定位函数时，必须以二进制的方式打开文件。

在文件操作过程中，可能会出现读到文件末尾或其他读写错误。用 feof 函数可以检测文件位置指针是否处于文件结束位置；用 ferror 函数可以检测其他文件读写错误。用 clearerror 函数可以清除上次出现的错误信息。

通过对本章的学习，读者应该掌握顺序文件和直接存取文件的读写函数，同时掌握文件指针定位函数的应用。

习题

一、选择题

1. 若执行 fopen 函数时发生错误，则函数的返回值是________。
   A. 地址值　　B. 0　　C. 1　　D. EOF

2. 若要用 fopen 函数打开一个新的二进制文件，该文件要既能读也能写，则文件存取方式字符串应是________。
   A. "ab+"　　B. "wb+"　　C. "rb+"　　D. "ab"

3. "fseek(fp,-20L,2);"的含义是________。
   A. 将文件位置指针移到距离文件头 20 个字节处
   B. 将文件位置指针从当前位置向后移动 20 个字节
   C. 将文件位置指针从文件末尾处后退 20 个字节
   D. 将文件位置指针移到离当前位置 20 个字节处

4. 在执行 fopen 函数时，ferror 函数的初值是________。
   A. true　　B. -1　　C. 1　　D. 0

二、编程题

1. 编写程序，将两个文件的内容合并，放入到第 3 个文件中。例如 s1. txt、s2. txt 将 s2. txt 的内容和 s1. txt 的内容连接起来放入 s3. txt，3 个文件名由用户在程序中录入。

2. 建立一个学生信息表，包含学号、姓名、性别、年龄，编写程序实现学生信息的输入并保存功能和查询年龄小于等于输入值的功能，如输入 20，表示在学生信息中查找年龄小于等于 20 的学生信息，并显示在显示器上。

附　录

附录 A　ASCII 码表

ASCII 码	字符	ASCII 码	字符	ASCII 码	字符	ASCII 码	字符
0	NUL	33	!	66	B	99	c
1	SOH	34	"	67	C	100	d
2	STX	35	#	68	D	101	e
3	ETX	36	$	69	E	102	f
4	EOT	37	%	70	F	103	g
5	ENQ	38	&	71	G	104	h
6	ACK	39	'	72	H	105	i
7	BEL	40	(	73	I	106	j
8	BS	41	)	74	J	107	k
9	TAB	42	*	75	K	108	l
10	LF	43	+	76	L	109	m
11	VT	44	,	77	M	110	n
12	FF	45	-	78	N	111	o
13	CR	46	.	79	O	112	p
14	SO	47	/	80	P	113	q
15	SI	48	0	81	Q	114	r
16	DLE	49	1	82	R	115	s
17	DC1	50	2	83	S	116	t
18	DC2	51	3	84	T	117	u
19	DC3	52	4	85	U	118	v
20	DC4	53	5	86	V	119	w
21	NAK	54	6	87	W	120	x
22	SYN	55	7	88	X	121	y
23	ETB	56	8	89	Y	122	z
24	CAN	57	9	90	Z	123	{

（续）

<table>
<tr><th>ASCII 码</th><th>字符</th><th>ASCII 码</th><th>字符</th><th>ASCII 码</th><th>字符</th><th>ASCII 码</th><th>字符</th></tr>
<tr><td>25</td><td>EM</td><td>58</td><td>:</td><td>91</td><td>[</td><td>124</td><td>|</td></tr>
<tr><td>26</td><td>SUB</td><td>59</td><td>;</td><td>92</td><td>\</td><td>125</td><td>}</td></tr>
<tr><td>27</td><td>ESC</td><td>60</td><td><</td><td>93</td><td>]</td><td>126</td><td>~</td></tr>
<tr><td>28</td><td>FS</td><td>61</td><td>=</td><td>94</td><td>^</td><td>127</td><td>DEL</td></tr>
<tr><td>29</td><td>GS</td><td>62</td><td>></td><td>95</td><td>_</td><td></td><td></td></tr>
<tr><td>30</td><td>RS</td><td>63</td><td>?</td><td>96</td><td>`</td><td></td><td></td></tr>
<tr><td>31</td><td>US</td><td>64</td><td>@</td><td>97</td><td>a</td><td></td><td></td></tr>
<tr><td>32</td><td>(space)</td><td>65</td><td>A</td><td>98</td><td>b</td><td></td><td></td></tr>
</table>

ASCII 码范围为 0 ~ 31 的字符为不可显字符。

附录B　C语言运算符优先级和结合方向

<table>
<tr><th>优先级</th><th>运算符</th><th>含义</th><th>结合方向</th></tr>
<tr><td rowspan="4">1</td><td>()</td><td>圆括号</td><td rowspan="4">自左向右</td></tr>
<tr><td>[]</td><td>下标运算符</td></tr>
<tr><td>-></td><td>指向结构体成员运算符</td></tr>
<tr><td>.</td><td>结构体成员运算符</td></tr>
<tr><td rowspan="9">2</td><td>!</td><td>逻辑非运算符</td><td rowspan="9">自右向左</td></tr>
<tr><td>~</td><td>按位取反运算符</td></tr>
<tr><td>++</td><td>自增运算符</td></tr>
<tr><td>--</td><td>自减运算符</td></tr>
<tr><td>-</td><td>负号运算符</td></tr>
<tr><td>（类型）</td><td>类型转换运算符</td></tr>
<tr><td>*</td><td>指针运算符</td></tr>
<tr><td>&</td><td>地址运算符</td></tr>
<tr><td>Sizeof</td><td>长度运算符</td></tr>
<tr><td rowspan="3">3</td><td>*</td><td>乘法运算符</td><td rowspan="3">自左向右</td></tr>
<tr><td>/</td><td>除法运算符</td></tr>
<tr><td>%</td><td>求余运算符</td></tr>
<tr><td rowspan="2">4</td><td>+</td><td>加法运算符</td><td rowspan="2">自左向右</td></tr>
<tr><td>-</td><td>减法运算符</td></tr>
<tr><td rowspan="2">5</td><td><<</td><td>左移运算符</td><td rowspan="2">自左向右</td></tr>
<tr><td>>></td><td>右移运算符</td></tr>
<tr><td>6</td><td><、<=、>、>=</td><td>关系运算符</td><td>自左向右</td></tr>
<tr><td rowspan="2">7</td><td>==</td><td>等于运算符</td><td rowspan="2">自左向右</td></tr>
<tr><td>!=</td><td>不等于运算符</td></tr>
<tr><td>8</td><td>&</td><td>按位与运算符</td><td>自左向右</td></tr>
<tr><td>9</td><td>^</td><td>按位异或运算符</td><td>自左向右</td></tr>
<tr><td>10</td><td>|</td><td>按位或运算符</td><td>自左向右</td></tr>
<tr><td>11</td><td>&&</td><td>逻辑与运算符</td><td>自左向右</td></tr>
<tr><td>12</td><td>||</td><td>逻辑或运算符</td><td>自左向右</td></tr>
<tr><td>13</td><td>?:</td><td>条件运算符</td><td>自右向左</td></tr>
<tr><td rowspan="3">14</td><td>=、+=、-=、*=、</td><td rowspan="3">复合赋值运算符</td><td rowspan="3">自右向左</td></tr>
<tr><td>/=、%=、>>=、</td></tr>
<tr><td><<=、&=、^=、|=</td></tr>
<tr><td>15</td><td>,</td><td>逗号运算符</td><td>自左向右</td></tr>
</table>

附录 C　C 语言常见的出错信息

错误信息	含　义
Ambiguous operators need parentheses	不明确的运算需要用括号括起
Ambiguous symbol xxx	不明确的符号
Argument list syntax error	参数表语法错误
Array bounds missing	丢失数组界限符
Array sizetoolarge	数组尺寸太大
Bad character inparamenters	参数中有不适当的字符
Bad file name format in include directive	包含命令中文件名格式不正确
Badifdef directive synatax	编译预处理 ifdef 有语法错
Badundef directive syntax	编译预处理 undef 有语法错
Bit field too large	位字段太长
Call of non - function	调用未定义的函数
Call to function with no prototype	调用函数时没有函数的说明
Cannot modify a const object	不允许修改常量对象
Case outside of switch	漏掉了 Case 语句
Case syntax error	Case 语法错误
Code has no effect	代码不可用或者不可能执行到
Compound statement missing {	分程序漏掉“{”
Conflicting type modifiers	不明确的类型说明符
Constant expression required	需要常量表达式
Constant out of range in comparison	在比较中常量超出范围
Conversion may lose significant digits	转换时会丢失意义的数字
Conversion of near pointer not allowed	不允许转换近指针
Could not find file xxx	找不到 xxx 文件
Declaration syntax error	说明中出现语法错误
Default outside of switch	Default 出现在 switch 语句之外
Define directive needs an identifier	定义编译预处理需要标识符
Division by zero	用零作除数
Do statement must have while	Do - while 语句中缺少 while 部分
Enum syntax error	枚举类型语法错误
Enumeration constant syntax error	枚举常数语法错误
Error directive ：xxx	错误的编译预处理命令
Error writing output file	写输出文件错误
Expression syntax error	表达式语法错误
Extra parameter in call	调用时出现多余错误

（续）

错误信息	含　义
File name too long	文件名太长
Function call missing)	函数调用缺少右括号
Function definition out of place	函数定义位置错误
Function should return a value	函数必需返回一个值
Goto statement missing label	Goto 语句没有标号
Hexadecimal or octal constant too large	十六进制或八进制常数太大
Illegal character x	非法字符 x
Illegal initialization	非法的初始化
Illegal octal digit	非法的八进制数字
Illegal pointer subtraction	非法的指针相减
Illegal structure operation	非法的结构体操作
Illegal use of floating point	非法的浮点运算
Illegal use of pointer	指针使用非法
Improper use of atypedefsymbol	类型定义符号使用不恰当
In - line assembly not allowed	不允许使用行间汇编
Incompatible storage class	存储类别不相容
Incompatible type conversion	不相容的类型转换
Incorrect number format	错误的数据格式
Incorrect use of default	Default 使用不当
Invalid indirection	无效的间接运算
Invalid pointer addition	指针相加无效
Irreducible expression tree	无法执行的表达式运算
Lvalue required	需要逻辑值 0 或非 0 值
Macro argument syntax error	宏参数语法错误
Macro expansion too long	宏扩展以后结果太长
Mismatched number of parameters in definition	定义中参数个数不匹配
* * * placed break	此处不应出现 break 语句
Misplaced continue	此处不应出现 continue 语句
Misplaced decimal point	此处不应出现小数点
Misplacedelif directive	不应编译预处理 elif
Misplaced else	此处不应出现 else
Misplaced else directive	此处不应出现编译预处理 else
Misplacedendif directive	此处不应出现编译预处理 endif
Must be addressable	必须是可以编址的
Must take address of memory location	必须存储定位的地址
No declaration for function xxx	没有函数 xxx 的说明

（续）

错误信息	含　义
No stack	缺少堆栈
No type information	没有类型信息
Non - portable pointer assignment	不可移动的指针（地址常数）赋值
Non - portable pointer comparison	不可移动的指针（地址常数）比较
Non - portable pointer conversion	不可移动的指针（地址常数）转换
Not a valid expression format type	不合法的表达式格式
Not an allowed type	不允许使用的类型
Numeric constant too large	数值常数太大
Out of memory	内存不够用
Parameterxxx is never used	参数 xxx 没有用到
Pointer required on left side of - >;	符号 - >的左边必须是指针
Possible use of xxx before definition	在定义之前就使用了 xxx（警告）
Possibly incorrect assignment	赋值可能不正确
Redeclaration of xxx	重复定义了 xxx
Redefinition of xxx is not identical	xxx 的两次定义不一致
Register allocation failure	寄存器定址失败
Repeat count needs anlvalue	重复计数需要逻辑值
Size of structure or array not known	结构体或数给大小不确定
Statement missing ;	语句后缺少“;”
Structure or union syntax error	结构体或联合体语法错误
Structure size too large	结构体尺寸太大
Sub scripting missing]	下标缺少右方括号
Superfluous & with function or array	函数或数组中有多余的“&”
Suspicious pointer conversion	可疑的指针转换
Symbol limit exceeded	符号超限
Too few parameters in call	函数调用时的实参少于函数的形参
Too many default cases	Default 太多（switch 语句中一个）
Too many error or warning messages	错误或警告信息太多
Too many type in declaration	说明中类型太多
Too much auto memory in function	函数用到的局部存储太多
Too much global data defined in file	文件中全局数据太多
Two consecutive dots	两个连续的句点
Type mismatch in parameter xxx	参数 xxx 类型不匹配
Type mismatch inredeclaration of xxx	xxx 重定义的类型不匹配
Unable to create output file xxx	无法建立输出文件 xxx
Unable to open include file xxx	无法打开被包含的文件 xxx

（续）

错误信息	含 义
Unable to open input file xxx	无法打开输入文件 xxx
Undefined label xxx	没有定义的标号 xxx
Undefined structurexxx	没有定义的结构 xxx
Undefined symbolxxx	没有定义的符号 xxx
Unexpected end of file in comment started on linexxx	从 xxx 行开始的注解尚未结束文件不能结束
Unexpected end of file in conditional started on linexxx	从 xxx 开始的条件语句尚未结束文件不能结束
Unknown assemble instruction	未知的汇编结构
Unknown option	未知的操作
Unknown preprocessor directive：xxx	不认识的预处理命令 xxx
Unreachable code	无路可达的代码
Unterminated string or character constant	字符串缺少引号
User break	用户强行中断了程序
Void functions may not return a value	Void 类型的函数不应有返回值
Wrong number of arguments	调用函数的参数数目错
xxx not an argument	xxx 不是参数
xxx not part of structure	xxx 不是结构体的一部分
xxx statement missing（	xxx 语句缺少左括号
xxx statement missing）	xxx 语句缺少右括号
xxx statement missing；	xxx 缺少分号
xxx declared but never used	说明了 xxx 但没有使用
xxx is assigned a value which is never used	给 xxx 赋了值但未用过
Zero length structure	结构体的长度为零

附录 D　C 语言常用算法

1. 计数、求和、求阶乘等简单算法

此类问题都要使用循环，要注意根据问题确定循环变量的初值、终值或结束条件，更要注意用来表示计数、和、阶乘的变量的初值。

例：用随机函数产生 100 个[0,99]范围内的随机整数，统计个位上的数字分别为 0、1、2、3、4、5、6、7、8、9 的数的个数并打印出来。

本题使用数组来处理，用数组 a[100]存放产生的 100 个随机整数，数组 x[10]来存放个位上的数字分别为 0、1、2、3、4、5、6、7、8、9 的数的个数。即个位是 1 的个数存放在 x[1]中，个位是 2 的个数存放在 x[2]中，…，个位是 0 的个数存放在 x[10]中。

```
void main( )
{
    int a[100],x[10],i,p;
    for(i =0;i <10;i ++)
        x[i] =0;
    for(i =0;i <100;i ++)
    {
        a[i] =rand( ) % 100;
        printf("%3d",a[i]);
        if(i%5 ==0)
            printf("\n");
    }
    for(i =0;i <100;i ++)
    {
        p =a[i]%10;
        x[p] =x[p] +1;
    }
    for(i =0;i <10;i ++)
    {
        p =i;
        printf("%d,%d\n",p,x[i]);
    }
    printf("\n");
}
```

2. 求两个整数的最大公约数、最小公倍数

最小公倍数 = 两个整数之积/最大公约数。

算法思想：

1）对于已知两数 m，n，使得 m > n。

2）m 除以 n 得余数 r。

3）若 r＝0，则 n 为求得的最大公约数，算法结束；否则执行 4）。

4）m←n，n←r，再重复执行 2）。

例如：求 m＝14，n＝6 的最大公约数。

```
void main( )
{
    int nm,r,n,m,t;
    printf("please input two numbers:\n");
    scanf("%d,%d",&m,&n);
    nm = n * m;
    if (m < n)
    {
        t = n;
        n = m;
        m = t;
    }
    r = m%n;
    while (r!=0)
    {
        m = n;
        n = r;
        r = m%n;
    }
    printf("最大公约数:%d\n",n);
    printf("最小公倍数:%d\n",nm/n);
}
```

3. 判断素数

只能被 1 或本身整除的数称为素数。

算法思想：把 m 作为被除数，将 2～sqrt（m）作为除数，如果都除不尽，m 就是素数，否则就不是。

```
#include "math.h"
void main( )
{
    nt m,i,k;
    printf("please input a number:\n");
    scanf("%d",&m);
    k = sqrt(m);
    for(i = 2;i < k;i ++ )
        if(m%i == 0) break;
    if(i >= k)
        printf("该数是素数");
    else
```

```
            printf("该数不是素数");
    }
```

将其写成一函数，若为素数返回1，不是则返回0。

```
    int prime( int m)
    {
        int i,k;
        k = sqrt(m);
        for(i =2;i < k;i ++ )
            if(m% i ==0) return 0;
        return 1;
    }
```

4. 验证哥德巴赫猜想

任意一个大于等于6的偶数都可以分解为两个素数之和。

算法思想：n为大于等于6的任一偶数，可分解为n1和n2两个数，分别检查n1和n2是否为素数，如都是，则为一组解。如n1不是素数，就不必再检查n2是否素数。先从n1 =3开始，检验n1和n2(n2 = N - n1)是否素数。然后使n1自增，再检验n1、n2是否素数，…，直到n1 = n/2为止。

利用上面的prime函数，验证哥德巴赫猜想的程序代码如下：

```
    #include "math. h"
    int prime(int m)
    {
        int i,k;
        k = sqrt(m);
        for(i =2;i < k;i ++ )
            if(m% i ==0) break;
        if(i >= k)
            return 1;
        else
            return 0;
    }
    main()
    {
        int x,i;
        printf("please input a even number( >=6):\n");
        scanf("%d",&x);
        if (x <6 || x%2!=0)
            printf("data error! \n");
        else
```

```
        for(i = 2; i <= x/2; i ++ )
            if (prime(i)&&prime(x - i))
            {
                printf("%d %d\n",i,x - i);
                printf("验证成功!");
                break;
            }
    }
```

5. 排序问题

(1) 选择法排序（升序）

算法思想：

1）对有 n 个数的序列（存放在数组 a 中），从中选出最小的数，与第 1 个数交换位置。

2）除第 1 个数外，其余 n - 1 个数中选最小的数，与第 2 个数交换位置。

3）依此类推，选择了 n - 1 次后，这个数列已按升序排列。

程序代码如下：

```
void main()
{
    int i,j,imin,s,a[10];
    printf("\n input 10 numbers:\n");
    for(i = 0;i < 10;i ++ )
        scanf("%d",&a[i]);
    for(i = 0;i < 9;i ++ )
    {
        imin = i;
        for(j = i + 1;j < 10;j ++ )
            if(a[imin] > a[j]) imin = j;
        if(i != imin)
        {s = a[i];a[i] = a[imin];a[imin] = s;}
    }
    for(i = 0;i < 10;i ++ )
      printf("%3d",a[i]);
}
```

(2) 冒泡法排序（升序）

算法思想：(将相邻两个数比较，小的调到前头)

1）有 n 个数（存放在数组 a 中），第一趟将每相邻两个数比较，小的调到前头，经 n - 1 次两两相邻比较后，最大的数已“沉底”，放在最后一个位置，小数上升“浮起”。

2）第二趟对余下的 n - 1 个数（最大的数已“沉底”）按上法比较，经 n - 2 次两两相邻比较后得次大的数。

3）依此类推，n 个数共进行 n - 1 趟比较，在第 j 趟中要进行 n - j 次两两比较。

程序段如下：

```
void main()
{
    int a[10];
    int i,j,t;
    printf("input 10 numbers\n");
    for(i=0;i<10;i++)
        scanf("%d",&a[i]);
    printf("\n");
    for(j=0;j<=8;j++)
      for(i=0;i<9-j;i++)
          if(a[i]>a[i+1])
          {t=a[i];a[i]=a[i+1];a[i+1]=t;}
    printf("the sorted numbers:\n");
    for(i=0;i<10;i++)
          printf("%d\n",a[i]);
}
```

（3）合并法排序（将两个有序数组 A、B 合并成另一个有序的数组 C，升序）

算法思想：

1）先在数组 A、B 中各取第一个元素进行比较，将小的元素放入 C 数组。

2）取小的元素所在数组的下一个元素与另一数组中上次比较后较大的元素比较，重复上述比较过程，直到某个数组被先排完。

3）将另一个数组剩余元素放入 C 数组，合并排序完成。

程序代码如下：

```
void main()
{
    int a[10],b[10],c[20],i,ia,ib,ic;
    printf("please input the first array:\n");
    for(i=0;i<10;i++)
        scanf("%d",&a[i]);
    for(i=0;i<10;i++)
        scanf("%d",&b[i]);
    printf("\n");
    ia=0;ib=0;ic=0;
    while(ia<10&&ib<10)
    {
        if(a[ia]<b[ib])
        { c[ic]=a[ia];ia++;}
```

```
    else
        { c[ic] = b[ib];ib ++ ;}
    ic ++ ;
  }
  while(ia <=9)
  {
      c[ic] = a[ia];
      ia ++ ;
      ic ++ ;
  }
  while(ib <=9)
  {
      c[ic] = b[ib];
      ib ++ ;
      ic ++ ;
  }
  for(i =0;i <20;i ++ )
      printf(" %4d ",c[i]);
}
```

6. 查找问题

（1）顺序查找法（在一列数中查找某数 x）

算法思想：一列数放在数组 a[0],a[1],…,a[n-1]中，待查找的数放在 x 中，把 x 与数组 a 中的元素一一进行比较。用变量 p 表示 a 数组元素的下标，p 初值为 0，使 x 与 a[p]比较，如果 x 不等于 a[p]，则使 p = p + 1。不断重复这个过程，一旦 x 等于 a[p]，则退出循环；另外，如果 p 大于数组长度，循环也应该停止。

```
void main( )
{
    int a[10],p,x,i;
    printf(" please input the array:\n");
    for(i =0;i <10;i ++ )
        scanf(" %d",&a[i]);
    printf(" please input the number you want find:\n");
    scanf(" %d",&x);
    printf(" \n");
    p =0;
    while(x!= a[p]&&p <10)
        p ++ ;
    if(p >=10)
        printf(" the number is not found! \n");
```

```
    else
        printf("the number is found the no%d! \n",p);
}
```

思考：将上面程序改写成查找函数 Find，若找到则返回下标值，找不到则返回 -1。

算法思想：一列数放在数组 a[0],a[1],…,a[n-1]中，待查找的关键值为 key，把 key 与数组 a 中的元素从头到尾一一进行比较查找，若相同，查找成功；若找不到，则查找失败。（查找子过程如下。index 用于存放找到元素的下标。）

```
void main()
{
    int a[10],index,x,i;
    printf("please input the array:\n");
    for(i=0;i<10;i++)
        scanf("%d",&a[i]);
    printf("please input the number you want find:\n");
    scanf("%d",&x);
    printf("\n");
    index = -1;
    for(i=0;i<10;i++)
        if(x==a[i])
        {
            index=i;break;
        }
    if(index== -1)
        printf("the number is not found! \n");
    else
        printf("the number is found the no%d! \n",index);
}
```

（2）折半查找法（只能对有序数列进行查找）

算法思想：设 n 个有序数（从小到大）存放在数组 a[0],a[1],…,a[n-1]中，要查找的数为 x。用变量 bot、top、mid 分别表示查找数据范围的底部（数组下界）、顶部（数组的上界）和中间，mid=(top+bot)/2。折半查找的算法如下。

1）x=a(mid)，则已找到退出循环，否则进行下面的判断。

2）x<a(mid)，x 必定落在 bot 和 mid-1 的范围之内，即 top=mid-1。

3）x>a(mid)，x 必定落在 mid+1 和 top 的范围之内，即 bot=mid+1。

4）在确定了新的查找范围后，重复进行以上比较，直到找到或者 bot>=top。

将上面的算法写成如下程序：

```
void main()
{
```

```
    int a[10],mid,bot,top,x,i,find;
    printf("please input the array:\n");
    for(i=0;i<10;i++)
        scanf("%d",&a[i]);
    printf("please input the number you want find:\n");
    scanf("%d",&x);
    printf("\n");
    bot=0;top=9;find=0;
    while(bot<top&&find==0)
    {
        mid=(top+bot)/2;
        if(x==a[mid])
        {
            find=1;
            break;
        }
        else if(x<a[mid])
            top=mid-1;
        else
            bot=mid+1;
    }
    if (find==1)
      printf("the number is found the no%d! \n",mid);
    else
      printf("the number is not found! \n");
}
```

7. 插入法

把一个数插到有序数列中，插入后数列仍然有序。

算法思想：n个有序数（从小到大）存放在数组a[0],a[1],…,a[n-1]中，要插入的数x。首先确定x插在数组中的位置P。

```
#define N 10
void insert(int a[],int x)
{
    int p,i;
    p=0;
    while(x>a[p]&&p<N)
        p++;
    for(i=N;i>p;i--)
        a[i]=a[i-1];
    a[p]=x;
```

```
}
main()
{
    int a[N] = {1,3,4,7,8,11,13,18,56,78},x,i;
    for(i = 0;i < N;i ++)
        printf("%d,",a[i]);
    printf("\nInput x:");
    scanf("%d",&x);
    insert(a,x);
    for(i = 0;i < N;i ++)
        printf("%d,",a[i]);
    printf("\n");
}
```

8. 矩阵（二维数组）运算

（1）矩阵的加、减运算

- 加法：C[i][j] = a[i][j] + b[i][j]。
- 减法：C[i][j] = a[i][j] - b[i][j]。

（2）矩阵相乘

矩阵 A 有 M * L 个元素，矩阵 B 有 L * N 个元素，则矩阵 C = A * B 有 M * N 个元素。矩阵 C 中任一元素 C[i][j]的下标范围为 i = 1,2,…,m;j = 1,2,…,n。

```
#define M 2
#define L 4
#define N 3
void mv(int a[M][L],int b[L][N],int c[M][N])
{
    int i,j,k;
    for(i = 0;i < M;i ++)
        for(j = 0;j < N;j ++)
        {
            c[i][j] = 0;
            for(k = 0;k < L;k ++)
                c[i][j]  = a[i][k] * b[k][j];
        }
}
main()
{
    int a[M][L] = {{1,2,3,4},{1,1,1,1}};
    int b[L][N] = {{1,1,1},{1,2,1},{2,2,1},{2,3,1}},c[M][N];
    int i,j;
    mv(a,b,c);
```

```
    for(i=0;i<M;i++)
    {
        for(j=0;j<N;j++)
            printf("%3d",c[i][j]);
        printf("\n");
    }
}
```

(3) 矩阵转置

例如：有二维数组 a[5][5]，要对它实现转置，可用下面两种方式。

```
#define N 3
void ch1(int a[N][N])
{
    int i,j,t;
    for(i=0;i<N;i++)
    for(j=i+1;j<N;j++)
    {
        t=a[i][j];
        a[i][j]=a[j][i];
        a[j][i]=t;
    }
}
void ch2(int a[N][N])
{
    int i,j,t;
    for(i=1;i<N;i++)
    for(j= 0;j<i;j++)
    {
        t=a[i][j];
        a[i][j]=a[j][i];
        a[j][i]=t;
    }
}
main()
{
    int a[N][N]={{1,2,3},{4,5,6},{7,8,9}},i,j;
    ch1(a);/*或 ch2(a);*/
    for(i=0;i<N;i++)
    {
        for(j=0;j<N;j++)
            printf("%3d",a[i][j]);
```

```
        printf("\n");
        }
    }
```

（4）求二维数组中的最小元素及其所在的行和列

基本思想同一维数组，可用下面程序段实现（以二维数组 a[3][4]为例）：

变量 min 中存放最小值，row 和 column 分别存放最小值所在的行号和列号。

```
#define N 4
#define M 3
void min(int a[M][N])
{
    int min,row,column,i,j;
    min = a[0][0];
    row = 0;
    column = 0;
    for(i = 0;i < M;i ++)
        for(j = 0;j < N;j ++)
            if(a[i][j] < min)
            {
                min = a[i][j];
                row = i;
                column = j;
            }
    printf("Min = %d\nAt Row%d,Column%d\n",min,row,column);
}
main()
{
    int a[M][N] = {{1,23,45, -5},{5,6, -7,6},{0,33,8,15}};
    min(a);
}
```

9. 迭代法

基本思想：对于一个问题的求解 x，可由给定的一个初值 x0，根据某一迭代公式得到一个新的值 x1，这个新值 x1 比初值 x0 更接近要求的值 x；再以新值作为初值，即 x1→x0，重新按原来的方法求 x1，重复这一过程直到 $|x1 - x0| < \varepsilon$（某一给定的精度）。此时可将 x1 作为问题的解。

例如：用迭代法求某个数 a 的平方根。已知求平方根的迭代公式为 x n + 1 = (xn + a/xn)/2。

```
#include <math.h>
float fsqrt(float a)
{
```

```
    float x0,x1;
    x1 = a/2;
    do{
        x0 = x1;
        x1 = 0.5 * (x0 + a/x0);
    }while(fabs(x1 - x0) > 0.00001);
    return(x1);
}
main()
{
    float a;
    scanf("%f",&a);
    printf("genhao  = %f\n",fsqrt(a));
}
```

10. 数制转换

将一个十进制整数 m 转换成 r(2－16)进制字符串。

算法思想：将 m 不断除 r 取余数，直到商为零，以反序得到结果。下面写出一转换函数，参数 idec 为十进制数，ibase 为要转换成数的基（如二进制的基是 2，八进制的基是 8 等），函数输出结果是字符串。

```
char  * trdec(int idec,int ibase)
{
    char strdr[20],t;
    int i,idr,p = 0;
    while(idec!=0)
    {
        idr = idec % ibase;
        if(idr >= 10)
            strdr[p ++ ] = idr - 10 + 65;
        else
            strdr[p ++ ] = idr + 48;
        idec/ = ibase;
    }
    for(i = 0;i < p/2;i ++ )
    {
        t = strdr[i];
        strdr[i] = strdr[p - i - 1];
        strdr[p - i - 1] = t;
    }
    strdr[p] ='\0';
    return(strdr);
```

```
    }
    main()
    {
        int x,d;
        scanf("%d%d",&x,&d);
        printf("%s\n",trdec(x,d));
    }
```

11. 字符串的一般处理

(1) 简单加密和解密

算法思想：将每个字母 C 加（或减）序数 K，即用它后面的第 K 个字母代替，变换式公式：C = C + K。

例如：序数 K 为 5，这时 A→ F，a→f，B→? G…… 当加序数后的字母超过 Z 或 z 时，C = C + K - 26。例如：You are good→ Dtz fwj ltti ++。

解密为加密的逆过程：将每个字母 C 减（或加）序数 K，即 C = C - K。

例如：序数 K 为 5，这时 Z→U，z→u，Y→T……当加序数后的字母小于 A 或 a 时，C = C - K + 26。

下段程序是加密处理：

```
    #include <stdio.h>
    char *jiami(char stri[])
    {
        int i=0;
        char strp[50],ia;
        while(stri[i]!='\0')
        {
            if(stri[i]>='A'&&stri[i]<='Z')
            {
                ia=stri[i] 5;
                if (ia>'Z')
                    ia-=26;
            }
            else if(stri[i]>='a'&&stri[i]<='z')
            {
                ia=stri[i]+5;
                if (ia>'z')
                    ia-=26;
            }
            else
                ia=stri[i];
            strp[i++]=ia;
```

```
    }
    strp[i] ='\0';
    return(strp);
}
main()
{
    char s[50];
    gets(s);
    printf("%s\n",jiami(s));
}
```

（2）统计文本单词的个数

输入一行字符，统计其中有多少个单词，单词之间用空格分隔开。

算法思想：

1）从文本（字符串）的左边开始，取出一个字符；设逻辑量 word 表示所取字符是否是单词内的字符，初值设为 0。

2）若所取字符不是“空格”“逗号”“分号”或“感叹号”等单词的分隔符，再判断 word 是否为 0，若 word 为 0，则表示是新单词的开始，让单词数 num 加 1，让 word = 1。

3）若所取字符是“空格”“逗号”“分号”或“感叹号”等单词的分隔符，则表示字符不是单词内字符，让 word = 0。

4）再依次取下一个字符，重新执行 2）3）直到文本结束。

下面程序段是字符串 string 中包含的单词数。

```
#include "stdio.h"
main()
{
    char c,string[80];
    int i,num =0,word =0;
    gets(string);
    for(i =0;(c =string[i])!='\0';i++)
        if(c =='')
            word =0;
        else if(word ==0)
        {
            word =1;
            num++;
        }
    printf("There are %d word in the line. \n",num);
}
```

12. 穷举法（又称“枚举法”）

穷举法的基本思想是：一一列举各种可能的情况，并判断哪一种可能是符合要求的解。

这是一种“在没有其他办法的情况下的方法”，是一种最“笨”的方法，然而对一些无法用解析法求解的问题往往能奏效，通常采用循环来处理穷举问题。

例：将一张面值为100元的人民币等值换成100张5元、1元和0.5元的零钞，要求每种零钞不少于1张，问有哪几种组合？

```
main()
{
    int i,j,k;
    printf(" 5yuan 1yuan 5jiao\n");
    printf(" ------------------\n");
    for(i=1;i<=20;i++)
        for(j=1;j<=100-i;j++)
        {
            k=100-i-j;
            if(5*i+1*j+0.5*k==100)
                printf("%5d%5d%5d\n",i,j,k);
        }
    printf(" ------------------\n");
}
```

13. 递归算法

用自身的结构来描述自身，称递归。C语言允许在函数定义内部调用自己，即递归函数。递归处理一般用栈来实现，每调用自身一次，把当前参数压栈，直到递归结束条件；然后从栈中弹出当前参数，直到栈空。

递归条件：1）递归结束条件及结束时的值。

2）能用递归形式表示且递归向终止条件发展。

例如：编fac(n)=n！的递归函数。

```
int fac(int n)
{
    if(n==1)
        return(1);
    else
        return(n*fac(n-1));
}
main()
{
    int n;
    scanf("%d",&n);
    printf("n!=%d\n",fac(n));
}
```

附录 E　C 语言常用库函数

库函数并不是 C 语言的一部分，它是由编译系统根据一般用户的需要编制并提供给用户使用的一组程序。每一种 C 编译系统都提供了一批库函数，不同的编译系统所提供的库函数的数目和函数名以及函数功能是不完全相同的。ANSI C 标准提出了一批建议提供的标准库函数。它包括了目前多数 C 编译系统所提供的库函数，但也有一些是某些 C 编译系统未曾实现的。考虑到通用性，本附录列出 ANSI C 建议的常用库函数。

由于 C 库函数的种类和数目很多，例如还有屏幕和图形函数、时间日期函数、与系统有关的函数等，每一类函数又包括各种功能的函数。限于篇幅，本附录只从教学需要的角度列出最基本的 C 库函数。读者在编写 C 程序时可根据需要查阅有关系统的函数使用手册。

1. 数学函数

使用数学函数时，应该在源文件中使用预编译命令：

```
#include <math.h>或#include "math.h"
```

函数名	函数原型	功　能	返回值
acos	double acos (double x);	计算 arccos x 的值，其中 $-1\leqslant x\leqslant 1$	计算结果
asin	double asin (double x);	计算 arcsin x 的值，其中 $-1\leqslant x\leqslant 1$	计算结果
atan	double atan (double x);	计算 arctan x 的值	计算结果
atan2	double atan2 (double x, double y);	计算 arctan x/y 的值	计算结果
cos	double cos (double x);	计算 cos x 的值，其中 x 的单位为弧度	计算结果
cosh	double cosh (double x);	计算 x 的双曲余弦 cosh x 的值	计算结果
exp	double exp (double x);	求 e^x 的值	计算结果
fabs	double fabs (double x);	求 x 的绝对值	计算结果
floor	double floor (double x);	求出不大于 x 的最大整数	该整数的双精度实数
fmod	double fmod (double x, double y);	求整除 x/y 的余数	返回余数的双精度实数
frexp	double frexp (double val, int *eptr);	把双精度数 val 分解成数字部分（尾数）和以 2 为底的指数，即 $val = x * 2^n$，n 存放在 eptr 指向的变量中	数字部分 x $0.5\leqslant x<1$
log	double log (double x);	求 lnx 的值	计算结果
log10	double log10 (double x);	求 $\log_{10}x$ 的值	计算结果
modf	double modf (double val, int *iptr);	把双精度数 val 分解成数字部分和小数部分，把整数部分存放在 ptr 指向的变量中	val 的小数部分
pow	double pow (double x, double y);	求 xy 的值	计算结果
sin	double sin (double x);	求 sin x 的值，其中 x 的单位为弧度	计算结果
sinh	double sinh (double x);	计算 x 的双曲正弦函数 sinh x 的值	计算结果
sqrt	double sqrt (double x);	计算 $\sqrt{x}$，其中 $x\geqslant 0$	计算结果
tan	double tan (double x);	计算 tan x 的值，其中 x 的单位为弧度	计算结果
tanh	double tanh (double x);	计算 x 的双曲正切函数 tanh x 的值	计算结果

2. 字符函数

在使用字符函数时，应该在源文件中使用预编译命令：

#include <ctype. h>或#include "ctype. h"

函数名	函数原型	功能	返回值
isalnum	int isalnum (int ch);	检查ch是否字母或数字	是字母或数字返回1，否则返回0
isalpha	int isalpha (int ch);	检查ch是否字母	是字母返回1，否则返回0
iscntrl	int iscntrl (int ch);	检查ch是否控制字符（其ASCII码在0和0xlF之间）	是控制字符返回1，否则返回0
isdigit	int isdigit (int ch);	检查ch是否数字	是数字返回1，否则返回0
isgraph	int isgraph (int ch);	检查ch是否是可打印字符（其ASCII码在0x21和0x7e之间），不包括空格	是可打印字符返回1，否则返回0
islower	int islower (int ch);	检查ch是否是小写字母（a~z）	是小字母返回1，否则返回0
isprint	int isprint (int ch);	检查ch是否是可打印字符（其ASCII码在0x21和0x7e之间），不包括空格	是可打印字符返回1，否则返回0
ispunct	int ispunct (int ch);	检查ch是否是标点字符（不包括空格），即除字母、数字和空格以外的所有可打印字符	是标点字符返回1，否则返回0
isspace	int isspace (int ch);	检查ch是否空格、跳格符（制表符）或换行符	是则返回1，否则返回0
isupper	int isupper (int ch);	检查ch是否大写字母（A~Z）	是大写字母返回1，否则返回0
isxdigit	int isxdigit (int ch);	检查ch是否一个十六进制数字（即0~9或A~F，a~f）	是则返回1，否则返回0
tolower	int tolower (int ch);	将ch字符转换为小写字母	返回ch对应的小写字母
toupper	int toupper (int ch);	将ch字符转换为大写字母	返回ch对应的大写字母

3. 字符串函数

使用字符串中函数时，应该在源文件中使用预编译命令：

#include <string. h>或#include "string. h"

函数名	函数原型	功能	返回值
memchr	void memchr (void * buf, char ch, unsigned count);	在buf的前count个字符里搜索字符ch首次出现的位置	返回指向buf中ch的第一次出现的位置指针。若没有找到ch，返回NULL
memcmp	int memcmp (void * buf1, void * buf2, unsigned count);	按字典顺序比较由buf1和buf2指向的数组的前count个字符	buf1 < buf2，为负数； buf1 = buf2，返回0； buf1 > buf2，为正数
memcpy	void * memcpy (void * to, void * from, unsigned count);	将from指向的数组中的前count个字符复制到to指向的数组中。from和to指向的数组不允许重叠	返回指向to的指针
memove	void * memove (void * to, void * from, unsigned count);	将from指向的数组中的前count个字符复制到to指向的数组中。From和to指向的数组不允许重叠	返回指向to的指针

（续）

函数名	函数原型	功 能	返 回 值
memset	void * memset (void * buf, char ch, unsigned count);	将字符 ch 复制到 buf 指向的数组前 count 个字符中	返回 buf
strcat	char * strcat (char * str1, char * str2);	把字符 str2 接到 str1 后面，取消原来 str1 最后面的串结束符 "\0"	返回 str1
strchr	char * strchr (char * str, int ch);	找出 str 指向的字符串中第一次出现字符 ch 的位置	返回指向该位置的指针，如找不到，则应返回 NULL
strcmp	int * strcmp (char * str1, char * str2);	比较字符串 str1 和 str2	若 str1 < str2，为负数； 若 str1 = str2，返回 0； 若 str1 > str2，为正数
strcpy	char * strcpy (char * str1, char * str2);	把 str2 指向的字符串复制到 str1 中去	返回 str1
strlen	unsigned intstrlen (char * str);	统计字符串 str 中字符的个数（不包括终止符 "\0"）	返回字符个数
strncat	char * strncat (char * str1, char * str2, unsigned count);	把字符串 str2 指向的字符串中最多 count 个字符连到串 str1 后面，并以 NULL 结尾	返回 str1
strncmp	int strncmp (char * str1, * str2, unsigned count);	比较字符串 str1 和 str2 中至多前 count 个字符	若 str1 < str2，为负数； 若 str1 = str2，返回 0； 若 str1 > str2，为正数
strncpy	char * strncpy (char * str1, * str2, unsigned count);	把 str2 指向的字符串中最多前 count 个字符复制到串 str1 中去	返回 str1
strnset	void * setnset (char * buf, char ch, unsigned count);	将字符 ch 复制到 buf 指向的数组前 count 个字符中	返回 buf
strset	void * setset (void * buf, char ch);	将 buf 所指向的字符串中的全部字符都变为字符 ch	返回 buf
strstr	char * strstr (char * str1, * str2);	寻找 str2 指向的字符串在 str1 指向的字符串中首次出现的位置	返回 str2 指向的字符串首次出向的地址，否则返回 NULL

4. 输入/输出函数

在使用输入/输出函数时，应该在源文件中使用预编译命令：

```
#include <stdio.h>或#include "stdio.h"
```

函数名	函数原型	功 能	返 回 值
clearerr	void clearer (FILE * fp);	清除文件指针错误指示器	无
close	int close (int fp);	关闭文件（非 ANSI 标准）	关闭成功返回 0，不成功返回 -1
creat	int creat (char * filename, int mode);	以 mode 所指定的方式建立文件（非 ANSI 标准）	成功返回正数，否则返回 -1
eof	int eof (int fp);	判断 fp 所指的文件是否结束	文件结束返回 1，否则返回 0
fclose	int fclose (FILE * fp);	关闭 fp 所指的文件，释放文件缓冲区	关闭成功返回 0，不成功返回非 0
feof	int feof (FILE * fp);	检查文件是否结束	文件结束返回非 0，否则返回 0
ferror	int ferror (FILE * fp);	测试 fp 所指的文件是否有错误	无错返回 0，否则返回非 0

（续）

函数名	函数原型	功 能	返 回 值
fflush	int fflush (FILE *fp);	将 fp 所指的文件的全部控制信息和数据存盘	存盘正确返回 0，否则返回非 0
fgets	char *fgets (char *buf, int n, FILE *fp);	从 fp 所指的文件读取一个长度为 (n-1) 的字符串，存入起始地址为 buf 的空间	返回地址 buf。若遇文件结束或出错，则返回 EOF
fgetc	int fgetc (FILE *fp);	从 fp 所指的文件中取得下一个字符	返回所得到的字符。出错则返回 EOF
fopen	FILE * fopen (char * filename, char *mode);	以 mode 指定的方式打开名为 filename 的文件	成功则返回一个文件指针，否则返回 0
fprintf	int fprintf (FILE *fp, char *format, args, …);	把 args 的值以指定的 format（格式）输出到 fp 所指的文件中	实际输出的字符数
fputc	int fputc (char ch, FILE *fp);	将字符 ch 输出到 fp 所指的文件中	成功则返回该字符，出错则返回 EOF
fputs	int fputs (char str, FILE *fp);	将 str 指定的字符串输出到 fp 所指的文件中	成功则返回 0，出错则返回 EOF
fread	int fread (char *pt, unsigned size, unsigned n, FILE *fp);	从 fp 所指定文件中读取长度为 size 的 n 个数据项，存到 pt 所指向的内存区	返回所读的数据项个数，若文件结束或出错，则返回 0
fscanf	int fscanf (FILE *fp, char *format, args, …);	从 fp 指定的文件中按给定的 format（格式）将读入的数据送到 args（args 是指针）所指向的内存变量中	已输入的数据个数
fseek	int fseek (FILE *fp, long offset, int base);	将 fp 指定的文件的位置指针移到 base 所指出的位置为基准、以 offset 为位移量的位置	返回当前位置，否则返回 -1
ftell	long ftell (FILE *fp);	返回 fp 所指定的文件中的读写位置	返回文件中的读写位置，否则返回 0
fwrite	int fwrite (char *ptr, unsigned size, unsigned n, FILE *fp);	把 ptr 所指向的 n*size 个字节输出到 fp 所指向的文件中	写到 fp 文件中的数据项的个数
getc	int getc (FILE *fp);	从 fp 所指向的文件中读出下一个字符	返回读出的字符，若文件出错或结束，则返回 EOF
getchar	int getchar ();	从标准输入设备中读取下一个字符	返回字符，若文件出错或结束，则返回 -1
gets	char *gets (char *str);	从标准输入设备中读取字符串存入 str 指向的数组	成功返回 str，否则返回 NULL
open	int open (char *filename, int mode);	以 mode 指定的方式打开已存在的名为 filename 的文件（非 ANSI 标准）	返回文件号（正数），如打开失败，则返回 -1
printf	int printf (char * format, args, …);	按 format 指定的格式字符串的格式，将输出列表 args 的值输出到标准设备上	输出字符的个数。若出错，则返回负数
prtc	int prtc (int ch, FILE *fp);	把一个字符 ch 输出到 fp 所指的文件中	输出字符 ch，若出错，则返回 EOF
putchar	int putchar (char ch);	把字符 ch 输出到 fp 标准输出设备	返回换行符，若失败，则返回 EOF

（续）

函数名	函数原型	功　能	返回值
puts	int puts（char *str）;	把 str 指向的字符串输出到标准输出设备，将“\0”转换为回车行	返回换行符，若失败，则返回 EOF
putw	int putw（int w, FILE *fp）;	将一个整数 i（即一个字）写到 fp 所指的文件中（非 ANSI 标准）	返回读出的字符，若文件出错或结束，则返回 EOF
read	int read（int fd, char *buf, unsigned count）;	从文件号 fp 所指定文件中读 count 个字节到由 buf 指示的缓冲区（非 ANSI 标准）	返回真正读出的字节个数，文件结束则返回 0，出错则返回 -1
remove	int remove（char *fname）;	删除以 fname 为文件名的文件	成功返回 0，出错返回 -1
rename	int remove（char *oname, char *nname）;	把 oname 所指的文件名改为由 nname 所指的文件名	成功返回 0，出错返回 -1
rewind	void rewind（FILE *fp）;	将 fp 指定的文件指针置于文件头，并清除文件结束标志和错误标志	无
scanf	int scanf（char *format, args, …）;	从标准输入设备按 format 指示的格式字符串规定的格式，输入数据给 args 所指示的单元。args 为指针	读入并赋给 args 数据个数。文件结束则返回 EOF，出错则返回 0
write	int write（int fd, char *buf, unsigned count）;	从 buf 指示的缓冲区输出 count 个字符到 fd 所指的文件中（非 ANSI 标准）	返回实际写入的字节数，如出错，则返回 -1

5. 动态存储分配函数

在使用动态存储分配函数时，应该在源文件中使用预编译命令：

```
#include <stdlib.h>或#include "stdlib.h"
```

函数名	函数原型	功　能	返回值
callloc	void *calloc（unsigned n, unsigned size）;	分配 n 个数据项的内存连续空间，每个数据项的大小为 size	分配内存单元的起始地址。如不成功，则返回 0
free	void free（void *p）;	释放 p 所指内存区	无
malloc	void *malloc（unsigned size）;	分配 size 字节的内存区	所分配的内存区地址，如内存不够，则返回 0
realloc	void *realloc（void *p, unsigned size）;	将 p 所指的已分配的内存区的大小改为 size。size 可以比原来分配的空间大或小	返回指向该内存区的指针。若重新分配失败，则返回 NULL

6. 其他函数

有些函数由于不便归入某一类，因此单独列出。使用这些函数时，应该在源文件中使用预编译命令：

```
#include <stdlib.h>或#include "stdlib.h"
```

函数名	函数原型	功　能	返回值
abs	int abs（int num）;	计算整数 num 的绝对值	返回计算结果
atof	double atof（char *str）;	将 str 指向的字符串转换为一个 double 型的值	返回双精度计算结果

（续）

函数名	函数原型	功 能	返 回 值
atoi	int atoi（char * str）;	将 str 指向的字符串转换为一个 int 型的值	返回转换结果
atol	long atol（char * str）;	将 str 指向的字符串转换为一个 long 型的值	返回转换结果
exit	void exit（int status）;	中止程序运行。将 status 的值返回调用的过程	无
itoa	char * itoa（int n, char * str, int radix）;	将整数 n 的值按照 radix 进制转换为等价的字符串，并将结果存入 str 指向的字符串中	返回一个指向 str 的指针
labs	long labs（long num）;	计算 long 型整数 num 的绝对值	返回计算结果
ltoa	char * ltoa（long n, char * str, int radix）;	将长整数 n 的值按照 radix 进制转换为等价的字符串，并将结果存入 str 指向的字符串	返回一个指向 str 的指针
rand	int rand（）;	产生 0 到 RAND_MAX 之间的伪随机数。RAND_MAX 在头文件中定义	返回一个伪随机（整）数
random	int random（int num）;	产生 0 到 num 之间的随机数	返回一个随机（整）数
randomize	void randomize（）;	初始化随机函数，使用时包含头文件 time. h	无